±660 kV 直流换流站技术报告汇编

孙洗凡　马　龙　刘　冬　主编

山东大学出版社

《±660 kV 直流换流站技术报告汇编》

编委会

序

银东直流输电工程是我国自主设计、自主成套、自主建设的世界首条±660 kV电压等级的直流输电工程，选用单12脉动阀组的先进技术，具有换流变压器制造难度大、首台首套设备应用多、国产化比例高、系统集成难度大等特点。该工程推动跨区直流输电工程在标准化管理、设计水平、质量安全、设备国产化率等方面上了一个新的台阶。

为了进一步总结直流换流站运检经验，提升换流站运检管理水平，运维单位编写了《±660 kV 直流换流站技术报告汇编》，梳理总结工程投运以来直流核心设备发生的故障、跳闸事件，以及隐患排查成果和重点技改项目。该书理论与实际相结合，故障分析深入浅出，条理清晰，案例选取典型，具有很强的借鉴意义。同时，该书可作为新员工的培训教材，培养员工分析问题、解决问题的能力。

孙洗凡

2018 年 4 月

前　言

银东直流输电工程是国内首个±660 kV电压等级的直流输电工程，西起宁夏回族自治区灵武市境内的银川东换流站，东至山东省胶州市境内的胶东换流变电站，直流线路全长约1333 km，途经宁夏、陕西、山西、河北、山东5个省区。作为西电东送的重要通道，银东直流输电工程在单台换流变压器容量、单台换流变运输质量、单个阀厅建设规模、单个阀组耐受电压、单个12脉动换流阀容量、单阀晶闸管数量这6个方面创造了直流输电工程的新纪录。

本书归纳总结了工程投运以来的运检经验，涵盖了各系统设备故障跳闸的原因分析及处理过程，以及核心设备的隐患排查和重点技改项目。第一篇主要总结工程投运以来直流控制保护系统、换流阀及阀控系统、换流变压器、阀水冷系统、直流场及交流滤波器设备、HGIS（混合型气体绝缘开关）及GIS（气体绝缘开关）设备发生的故障、跳闸情况分析及处理过程。第二篇主要总结国家电网有限公司同类换流站出现事故后开展的换流阀及阀控系统、阀水冷系统及站用电系统的专项深度隐患排查。第三篇的主要内容为重点技改项目，包括阀厅火灾报警改投跳闸、500 kV交流场中开关跳闸逻辑改造等技术内容。

由于编者水平有限，书中难免存在不妥或错误之处，欢迎广大读者批评指正。

编　者

2018年4月

目　录

第一章　直流控制保护系统 …………………………………………… (3)

第一节　银东直流系统极Ⅱ直流线路故障再启动动作分析 ………… (3)
第二节　并联电容器组跳闸分析报告 ……………………………… (6)
第三节　极Ⅱ极保护B系统单套保护动作 ……………………………… (11)
第四节　500 kV交流站控A系统的软件故障检查处理 …………… (14)
第五节　±660 kV直流换流站换相失败简报 ……………………… (16)
第六节　银东极Ⅱ直流系统单极大地回线转金属回线过程中的闭锁分析报告 ………………………………………………… (23)

第二章　换流阀及阀控系统 …………………………………………… (30)

第一节　“极Ⅰ阀8主系统触发脉冲驱动异常”故障检查分析 …… (30)
第二节　极Ⅱ阀1模块8组件B晶闸管10门极充电故障检查分析 ………………………………………………………… (32)
第三节　极Ⅰ换流阀VBO动作事件,阀塔放电 ………………… (35)

第三章　换流变压器 ………………………………………………… (40)

第一节　某±660 kV直流换流站极Ⅱ021B换流变A相分接头同步失败事件检查情况 ………………………………………… (40)
第二节　装置YY阀侧C相差流越限告警处理报告 ……………… (42)

第四章　阀水冷系统 ………………………………………………… (48)

第一节　极ⅡM12风机声音异常检查处理 ……………………… (48)

第二节 极Ⅱ系统阀外水冷系统进阀温度信号异常的分析及处理 …………………………………………………… (51)
第三节 某±660 kV 直流换流站极Ⅱ阀内水冷系统 PLC 站 B 故障检查处理 ……………………………………………… (55)

第五章 直流场及交流滤波器 ……………………………………… (61)

第一节 某±660 kV 直流换流站极Ⅰ直流断路器 0010 频繁打压故障分析处理 ……………………………………………… (61)
第二节 并联电容器进线电流互感器导流排放电检查处理 ……… (66)
第三节 某±660 kV 直流换流站注流回路电容器漏油检查处理情况 ……………………………………………………… (70)

第六章 HGIS 及 GIS 设备 ……………………………………………… (74)

第一节 换流站 220 kV GIS ＃202 开关汇控柜内温湿度控制器故障烧损柜内接线及元器件事件的分析与处理 ………… (74)
第二节 交流滤波器 5621 开关 B 相频繁打压处理 ……………… (88)
第三节 某±660 kV 直流换流站＃62 母线气室故障检查及原因分析 …………………………………………………… (94)
第四节 某±660 kV 直流换流站 5623 小组滤波器 C 相开关灭弧室炸裂故障分析 ………………………………………… (109)

第七章 换流阀及阀控系统深度隐患排查成果报告 ………………… (121)

第一节 误闭锁直流系统隐患 ………………………………………… (121)
第二节 单一元件故障导致直流系统闭锁隐患 ……………………… (121)
第三节 单一元件、回路故障导致直流系统闭锁隐患 ……………… (122)
第四节 后台监控系统误报、漏报隐患 ……………………………… (123)
第五节 电解电容使用寿命及防火能力不满足换流阀运行要求隐患 ………………………………………………………… (124)
第六节 单一元件故障导致控制系统失去冗余隐患 ………………… (124)

第七节 避雷器动作情况分析隐患…… (125)
第八节 晶闸管故障隐患 …… (126)
第九节 晶闸管 VBO 频繁动作及损坏晶闸管隐患 …… (127)
第十节 保护误动、拒动隐患 …… (127)
第十一节 测试功能不全、工作不稳定隐患 …… (128)
第十二节 单板卡故障导致直流系统闭锁隐患 1 …… (128)
第十三节 单板卡故障导致直流系统闭锁隐患 2 …… (129)

第八章 阀水冷系统专项隐患排查成果报告…… (130)

第一节 单接点误动后无监视隐患…… (130)
第二节 保护过度配置隐患 …… (131)
第三节 直流单极闭锁隐患 1 …… (132)
第四节 直流单极闭锁隐患 2 …… (133)
第五节 直流单极闭锁隐患 3 …… (135)
第六节 直流单极闭锁隐患 4 …… (135)
第七节 直流单极闭锁隐患 5 …… (136)
第八节 直流单极闭锁隐患 6 …… (136)
第九节 接点松动或回路异常导致主泵不可用隐患 …… (137)
第十节 阀内水冷系统电源工作可靠性降低隐患 …… (137)
第十一节 保护误动风险 …… (138)
第十二节 保护拒动风险 …… (139)
第十三节 单一接点误动引起功率回降的风险 …… (140)
第十四节 两路直流切换回路进线并联隐患 …… (141)

第九章 站用电系统深度隐患排查成果报告…… (142)

第一节 直流闭锁隐患 …… (142)
第二节 备自投误动作隐患 …… (143)
第三节 无法执行操作命令隐患…… (144)
第四节 就地手跳闭锁 400 V 备自投功能降低站用电系统可靠性 …… (146)

第十章 某±660 kV 直流换流站阀厅火灾报警改投跳闸改造方案…… (149)

第一节 技改背景 …………………………………………………… (149)
第二节 火灾报警配置及改造原则…………………………………… (150)
第三节 技改方案 …………………………………………………… (151)

第十一章 某±660 kV 直流换流站 500 kV 交流场中开关跳闸逻辑改造技术方案 …………………………………………………… (157)

第一节 某±660 kV 直流换流站 500 kV 交流场中开关联锁改造背景 ……………………………………………………… (157)
第二节 某±660 kV 直流换流站交流线路与大组滤波器配串改造方案 ……………………………………………………… (158)
第三节 技改的实施 ……………………………………………… (161)

第一篇　故障分析报告

第一章　直流控制保护系统

第一节　银东直流系统极Ⅱ直流线路故障再启动动作分析

一、事件概述

2012年3月17日12:07,银东直流系统极Ⅱ直流线路故障全压再启动一次成功,银东直流系统极Ⅱ直流线路恢复正常运行。直流线路故障再启动前,银东直流系统以双极大地回线方式运行,直流系统的输送功率为4000 MW。

二、事件告警信息记录

银东直流系统极Ⅱ直流线路故障再启动动作事件告警信息如表1-1所示。

表1-1　　极Ⅱ直流线路故障再启动动作事件告警信息记录

时间	主/从	控制系统	事件报文
12:07:18:697	从(B)	极Ⅱ极控	VDCL动作——产生
12:07:18:737	从(B)	极Ⅱ极控	直流线路故障再启动动作——产生
12:07:18:742	主(A)	极Ⅱ极控	VDCL动作——产生
12:07:18:742	主(A)	极Ⅱ极控	直流线路故障再启动动作——产生
12:07:18:827	从(B)	极Ⅰ极控	对站限制直流电流——产生
12:07:18:897	从(B)	极Ⅱ极控	直流线路故障再启动动作——消失
12:07:18:902	主(A)	极Ⅱ极控	直流线路故障再启动动作——消失

续表

时间	主/从	控制系统	事件报文
12:07:18:922	主(A)	极Ⅰ极控	直流电流秒级负荷有效——产生
12:07:18:947	从(B)	极Ⅰ极控	直流电流秒级负荷有效——产生
12:07:19:017	从(B)	极Ⅱ极控	VDCL 动作——产生
12:07:19:022	主(A)	极Ⅱ极控	VDCL 动作——产生
12:07:19:257	从(B)	极Ⅱ极控	直流电流秒级负荷有效——产生
12:07:19:302	主(A)	极Ⅱ极控	直流电流秒级负荷有效——产生
12:07:19:347	从(B)	极Ⅰ极控	对站限制直流电流——消失
12:07:19:362	主(A)	极Ⅰ极控	对站限制直流电流——消失
12:07:50:842	主(A)	极Ⅰ极控	对站限制直流电流——产生
12:09:21:987	从(B)	极Ⅰ极控	直流电流秒级负荷有效——消失
12:09:22:007	主(A)	极Ⅰ极控	直流电流秒级负荷有效——消失
12:09:29:302	主(A)	极Ⅱ极控	直流电流秒级负荷有效——消失
12:09:29:897	从(B)	极Ⅱ极控	直流电流秒级负荷有效——消失

三、现场检查及分析情况

线路故障再启动发生后，运检人员应立即到现场检查直流线路故障测距及一、二次设备情况，打印故障录波。

(一)直流线路故障测距情况

现场检查直流线路故障测距装置，双端测距结果显示，故障点距离银川东站811.1 km，距离胶东站 521.3 km。

(二)一、二次设备检查情况

现场检查直流系统，发现一次设备运行正常，二次设备的保护装置无异常。

(三)故障录波分析

极Ⅱ直流线路一次全压再启动过程持续的时间大约为 650 ms，再启动后极Ⅱ直流线路的功率、电压、电流均恢复正常。

四、原因分析

(一) 保护配置及策略

遇到直流线路故障的情况时，在采取清除故障的措施后，直流线路故障再启动保护可以通过重新解锁恢复功率输送。直流极保护软件无法实现对逆变站直流线路的保护,但会检测直流线路故障并向极控系统发送信号。极控软件中配置了直流线路故障再启动动作逻辑,但移相闭锁功能仅配置于整流侧,所以逆变侧仅有事件报文,不执行再启动动作逻辑。

银东直流系统双极全压运行时,若直流线路发生故障,再启动逻辑为:两次全压重启,若不成功则转为降压 0.7 pu 启动,若降压启动仍不成功,则闭锁直流系统。

发生故障时,极Ⅱ极控系统将收到直流保护系统直流线路故障信号。重启动逻辑执行过程中,次数的选择如图 1-1 所示。

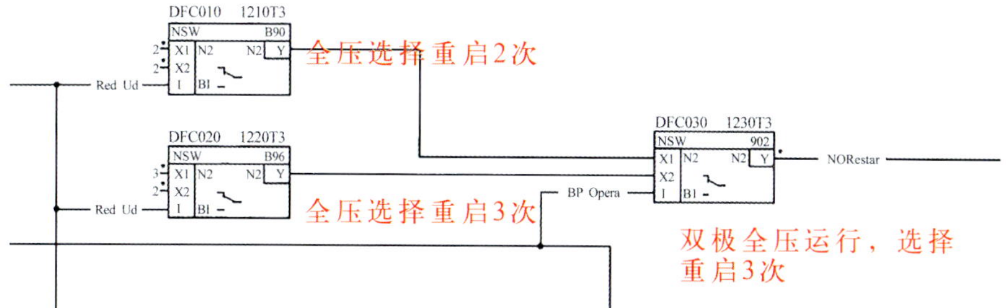

图 1-1　双极全压运行时,再启动次数的选择

重启动逻辑执行过程中,电压的选择如图 1-2 所示。

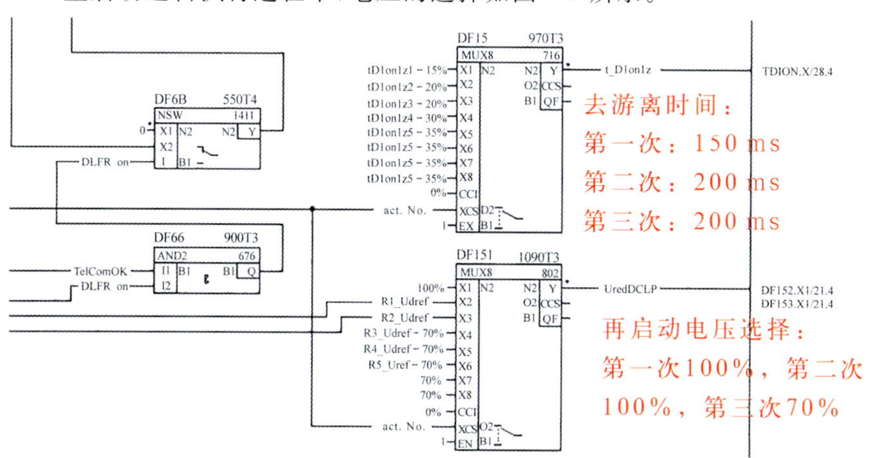

图 1-2　双极全压运行时,再启动电压的选择

重启动逻辑执行过程中，仅整流侧有效，如图 1-3 和图 1-4 所示。

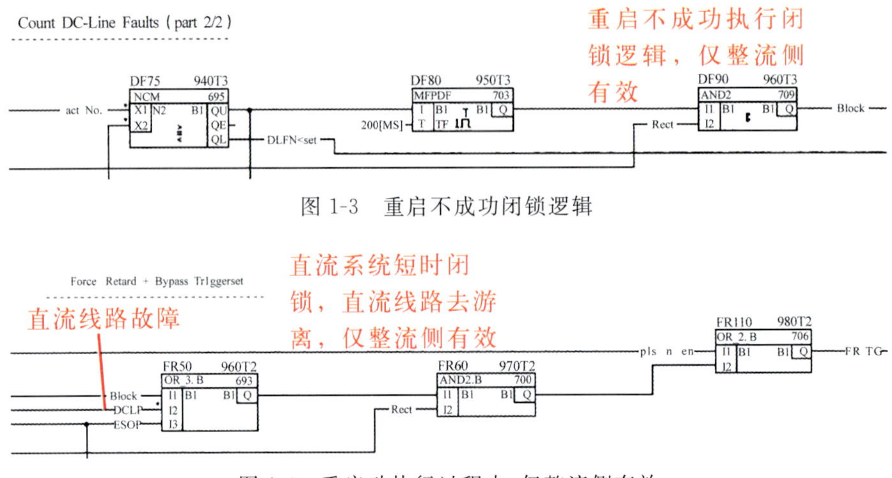

图 1-3 重启不成功闭锁逻辑

图 1-4 重启动执行过程中，仅整流侧有效

(二)分析结果

根据现场对线路故障的定位情况和录波分析情况，极Ⅱ直流线路故障一次全压再启动成功。初步分析故障由直流线路瞬间故障引起。

第二节 并联电容器组跳闸分析报告

一、事件概述

2012 年 4 月 1 日 8:16，银东直流系统的功率从 2800 MW 升至 4000 MW 的过程中，5622 并联电容器组自动投入后立即跳闸，5611 并联电容器组自动投入后运行正常。

现场对一次设备进行检查，对二次故障录波进行了分析。此次故障与 2011 年 7 月 11 日的 5621 并联电容器的跳闸情况一致，均为许继保护装置采样回路未对高频电流进行过滤所致。

(一)故障前的运行方式

(1)宁东直流系统以双极大地回线的方式运行，直流系统的输送功率正在从2800 MW上升至 4000 MW。

(2)500 kV ＃1、＃2 母线运行正常，东峡Ⅰ、Ⅱ线，东琅Ⅰ、Ⅱ线，东泽Ⅰ、Ⅱ线运行正常，5614、5615、5621、5623、5624、5625、5632、5633、5634 交流滤波器运行正常，5622 和 5611 并联电容器处于热备用状态。

(二)故障后的运行方式

宁东直流双极直流系统的输送功率为4000 MW,双极大地回线运行正常。500 kV ♯1、♯2母线运行正常,东峁Ⅰ、Ⅱ线,东琅Ⅰ、Ⅱ线,东泽Ⅰ、Ⅱ线运行正常,5611、5612、5613、5614、5615、5621、5623、5624、5625、5631、5632、5633、5634交流滤波器运行正常,5622开关跳闸并锁定。

二、事件告警信息记录

5622并联电容器组自动投入后立即跳闸的事件告警信息记录如表1-2所示。

表1-2 5622并联电容器组跳闸事件告警信息记录

时间	主/从	控制系统	事件报文
08:16:30:155	主(A)	直流站控	交流滤波器场5622开关合位——产生
08:16:30:167	主(A)	直流站控	ACF2第二小组第二套保护动作——产生
08:16:30:168	从(B)	直流站控	交流滤波器场5622开关合位——产生
08:16:30:179	从(B)	直流站控	ACF2第二小组第二套保护动作——产生
08:16:30:188	主(A)	直流站控	交流滤波器场5622开关已锁定——产生
08:16:30:200	从(B)	直流站控	交流滤波器场5622开关已锁定——产生
08:16:30:201	主(A)	直流站控	ACF2第二小组第二组出口跳闸——产生
08:16:30:213	从(B)	直流站控	ACF2第二小组第二组出口跳闸——产生
08:16:30:221	主(A)	直流站控	交流滤波器场5622开关分位——产生
08:16:30:233	从(B)	直流站控	交流滤波器场5622开关分位——产生

三、现场检查及处理情况

故障发生后,运检人员迅速到现场检查一次设备状态和二次保护装置动作情况,打印故障录波和保护动作报告。

(一)保护装置动作情况

运检人员在故障现场发现,5622并联电容器的第二套保护“跳闸”红灯亮,5622操作箱第二组“A相跳闸”“B相跳闸”“C相跳闸”红灯亮,5622并联电容器的第一套保护未动作,仅有保护启动报文(见图1-5),5622并联电容器组差动保护动作的相关数据如图1-6所示。

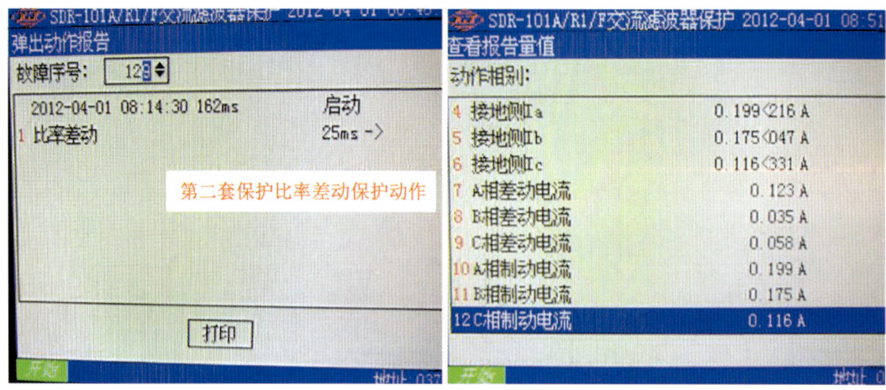

图 1-5 5622 并联电容器组第二套保护比率差动动作报文 图 1-6 5622 并联电容器组差动保护动作相关数据

（二）一次设备检查情况

经现场检查发现，5622 开关三相均已在分闸位置，电容器、电抗器、避雷器、管母等电气设备外观，均未出现明显放电痕迹或其他异常现象。

四、故障检查及原因分析

（一）5622 并联电容器第二套比率差动保护动作分析

比率制动式差动保护是交流滤波器的主保护，能反映交流滤波器内部的相间短路故障、接地短路故障，只对工频敏感。其动作方程如下：

$$
\begin{cases}
I_{op} > I_{op.0}, I_{res} \leqslant I_{res.0} \\
I_{op} \geqslant I_{op.0} + S(I_{res} - I_{res.0}), I_{res.0} < I_{res} \leqslant 6I_e \\
I_{op} \geqslant I_{op.0} + S(6I_e - I_{res.0}) + 0.6(I_{res} - 6I_e), I_{res} > 6I_e \\
I_{op} = |I_1 + I_2|
\end{cases}
$$

式中：I_{op}——差动电流；

$I_{op.0}$——差动最小动作电流整定值；

I_{res}——制动电流，$I_{res} = I_2$；

$I_{res.0}$——最小制动电流整定值；

I_e——额定电流；

S——比率制动系数整定值；

I_1——母线侧电流；

I_2——接地侧电流。

本次保护动作跳闸时，装置内的故障录波波形如图 1-7 所示。

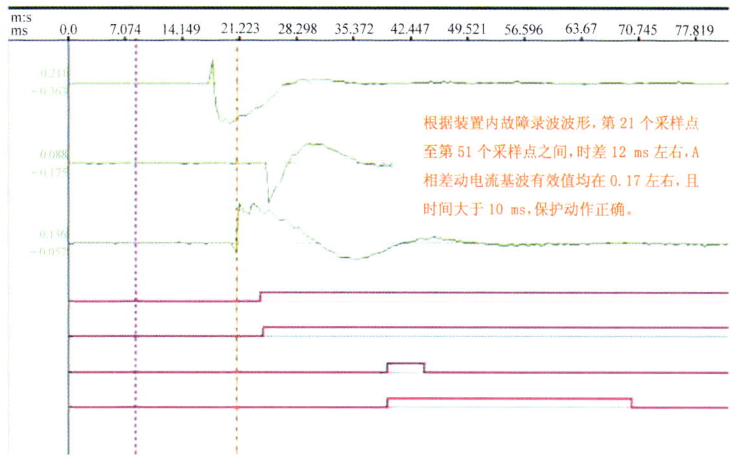

图 1-7　第二套保护装置内的故障录波图

第二套保护装置采集的模拟量如表 1-3 所示。

表 1-3　第二套保护装置模拟量

A 相差动电流	0.123 A	B 相差动电流	0.035 A	C 相差动电流	0.058 A
A 相制动电流	0.199 A	B 相制动电流	0.175 A	C 相制动电流	0.116 A

图 1-8 是将以上数据代入动作方程的示意图。

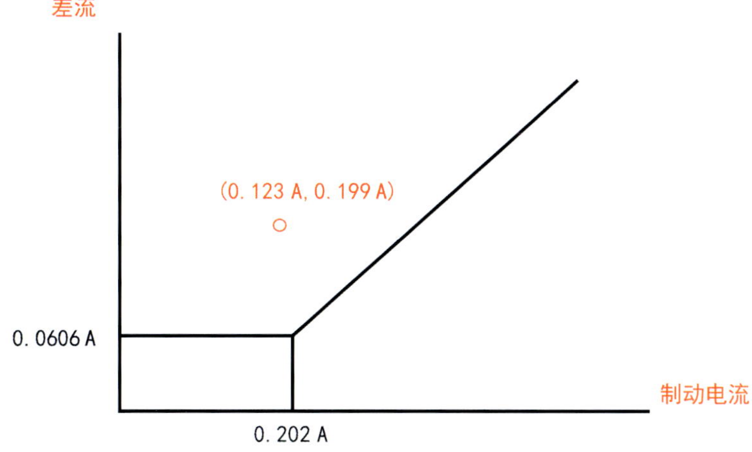

图 1-8　第二套保护 A 相比率差动保护动作满足判据的示意图

图中参数说明：$I_{res.0}=I_e=0.202$ A，$I_{op.0}=0.3$，$I_e=0.0606$ A，$S=1$。将跳闸时刻第二套保护装置采样的 A 相差动电流值与制动电流值代入方程，显然满足动作方程，证明保护装置动作正确。

（二）5622 并联电容器第一套比率差动保护不动作原因分析

两套保护装置的采样回路为独立设置，其采样频率为 48 点/周波，即两个采样点之间的时间间隔为 20 ms/48 ＝0.4167 ms。每个 CPU 都有独立的晶振，按照间隔的采样时间周期性地进行采样。不同的 CPU 之间由于完全独立采样，采样起始点可能并不一样。在被采样波形频率相对较低时，尽管两个 CPU 的采样起始时间不一样，但采样得到的结果却差别很小；在被采样波形频率较高时，两个 CPU 的采样起始时间不一样，可能会导致采样结果差别较大。

在本次 5622 并联电容器合闸瞬间，滤波器穿越电流上产生了高频的振荡电流。在此高频电流下，第二套保护装置的 CPU1 和 CPU2 由于采样完全独立，通过波形可以看出采样值是有差别的。

同样，第一套保护装置的两个 CPU 也是完全独立采样的，不同的 CPU 可能有不同的采样点，从而导致保护计算出来的基波有差别，使得第一套保护装置的差流计算值小于比差保护定值，导致该套保护未产生动作。

五、暴露的问题

（1）由于许继保护装置每周波采 48 个点，从而计算工频电流用于保护计算，对高频电流未进行过滤处理，且两套保护独立采集、独立计算，导致两套许继保护装置出现采样不一致的情况。高岭站出现过类似问题。

（2）滤波器在合闸瞬间会出现幅值相对较大的高频电流，若选相合闸装置工作异常，造成不完全过零点合闸，则更容易引起此现象。这必然会使合闸时刻的冲击电流加大，许继保护装置采样点很可能采集到此最大电流。因此，电容器过零点合闸需要引起高度重视。

六、措施及建议

（1）建议许继集团有限公司对与交流滤波器保护采样相关的软件进行研究和完善，避免出现两套保护采样不一致的情况。目前，所有电容器组投入过程中均会产生短时冲击电流，软件中相应的保护均应能够躲过此电流。该措施已于 2012 年 4 月的大修期间，按照相关软件修改联系单执行。

（2）虽然调试时进行了滤波器过零点合闸调试，但是随着开关操作次数的增加，开关分合闸特性可能会产生变化，从而对过零点合闸时间产生一定影响。针对这种情况，已在 2012 年 4 月的年度大修中对交流滤波器过零点合闸时间进行了检查、调整。

（3）考虑到此次事故后，并联电容器未进围栏内进行检修，建议在无功控制自投投切滤波器过程中，将 5622 开关控制方式调至“就地”，功率稳定后，再将 5622 开关控制方式切回“远方”，从而保证该组并联电容器以备用状态运行。

七、处理结果

针对以上问题，经联系许继集团有限公司、国家电力调度通信中心保护处，最终制订了解决方案：保护所有交流滤波器小组，增加采样平滑滤波时间，比率差动保护时间增加 20 ms，差流速断时间增加 10 ms。详见《±660 kV 直流换流变电站直流控制保护软件修改 工作联系单》(JDZ-2012001)，本软件修改单的审批流程已经进行完毕，得到了国家电力调度通信中心保护处的认可，已于 2012 年 4 月份大修期间执行。

第二节　极Ⅱ极保护 B 系统单套保护动作

一、事件概述

2012 年 5 月 2 日 9:36，极Ⅱ极保护 B 系统单套保护动作出现，OWS(运行人员工作站)的事件报文显示“极Ⅱ直流保护系统 B——直流极母线差动保护跳闸产生”，120 ms 后自动复归。保护动作发生时，系统的运行方式为：

(1)银东直流系统以双极大地回线方式运行，直流系统的输送功率为 4000 MW，直流系统运行正常。

(2)500 kV ＃1、＃2 母线运行正常，东崂Ⅰ、Ⅱ线，东琅Ⅰ、Ⅱ线，东泽Ⅰ、Ⅱ线运行正常。

(3)除 5621 并联电容器处于热备用状态，其余 500 kV 交流滤波器运行状态均正常。

二、检查情况

(一)直流极母线差动保护判据及定值

表 1-4　直流极母线差动保护判据及定值

保护名称	保护判据	定值	动作后果
直流极母线差动保护	$\lvert I_{DL}-I_{DP}-I_{D\_dcf}\rvert > 0.2$ pu	$t=500$ ms，告警	(1)紧急停运 (2)极隔离
	$\Delta > 0.5$ pu$+0.2I_{DP}$	$t=10$ ms，紧急停运	

与直流极母线差动保护相关的CT(电流互感器)量包括极线光CT测量量 I_{DL}、阀厅高压侧光CT测量量 I_{DP}、直流滤波器高压侧光CT测量值 I_{D_dcf}。

(二)故障录波器检查

手动启动故障录波器,对比检查三套保护装置的模拟量 I_{DL}、I_{DP}、I_{D_dcf}后发现,上述模拟量均采样正确,无异常。

(三)模拟量传输回路及元器件

检查上述模拟量由测量屏传输至极保护屏B的传输回路及涉及的元器件(见图1-9、图1-10)发现,回路各端子接线紧固,各元件输入/输出电压量均无异常。

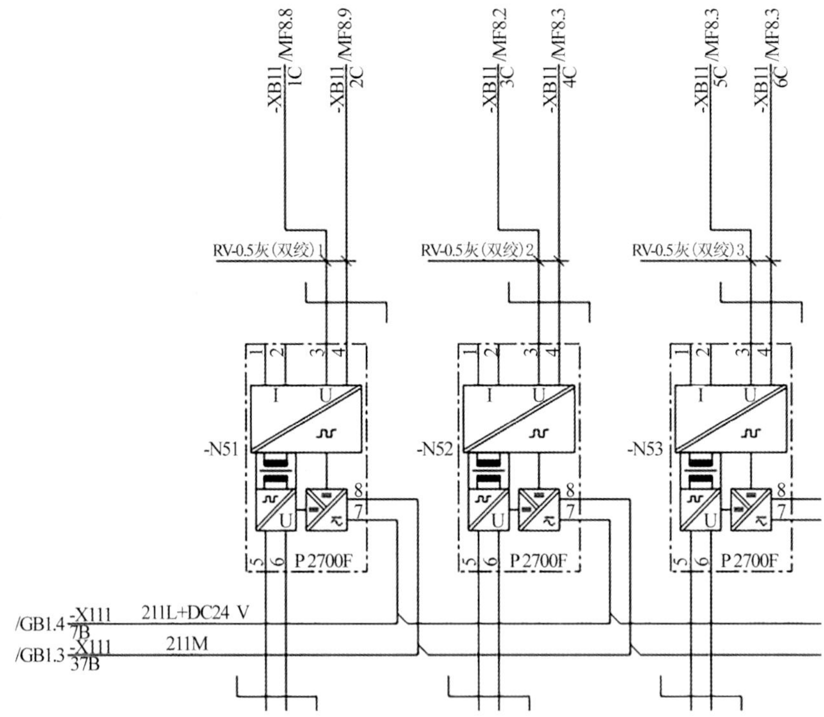

图1-9　采集 I_{DP} 电流量的处理模块

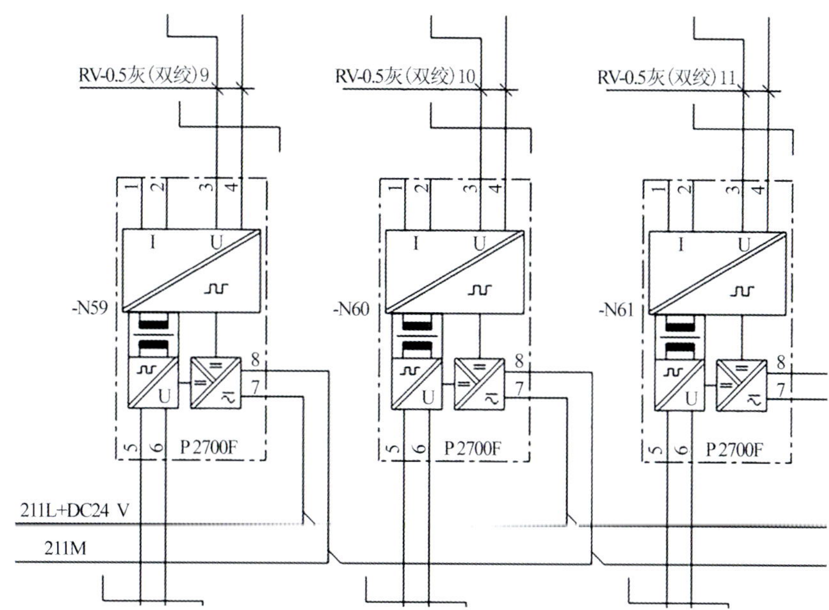

图 1-10　采集 I_{DL}、I_{D_dcf} 电流量的处理模块

隔离放大模块的功能是将测量屏输入的电压信号进行隔离放大，使输入 HCM200 主机板卡的信号更稳定，其工作电压为直流电压 24 V。

2011 年 3 月 9 日，某±660 kV 直流换流站极Ⅱ极保护系统 B 曾单系统报"极Ⅱ极保护 B 系统的直流线路纵差保护动作"。经检查，该动作为处理 I_{DL} 的隔离放大模块 N59 工作不稳定导致，更换 N59 模块后，保护系统 B 恢复正常运行。在本次检查过程中，重点检查了上述隔离放大模块的输入/输出电压，均正常，其中采集 I_{DL} 的模块输出的电压为 1.68 V，采集 I_{DP} 的模块输出的电压为 1.65 V，三套保护采样一致。

(四)检查上述模拟量在 HCM200 主机中的采样

通过 IBS(在线调试软件)连接 HCM200 主机的第六块 CPU 板卡，读取"直流极母线差动保护"采样的模拟量，如图 1-11 所示。

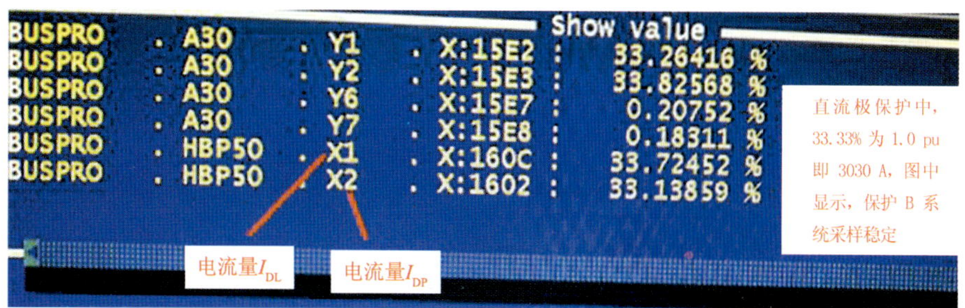

图 1-11　保护系统 B 主机用于逻辑运算的模拟量

图 1-11 显示，电流量 I_{DL}、I_{DP} 采样均正确且稳定，分别为 33.72% 和 33.14%，其中 HBP50 模块即用于计算直流极母线差动电流，差流约为 0.01 pu，远小于差动跳闸动作值（$\Delta > 0.5\ pu + 0.2 \times I_{DP}$），运行正常。

三、现场措施

极保护系统 B 在产生"直流极母线差动保护动作跳闸产生"120 ms 后复归，且由于单套保护动作未启动故障录波，在信号复归后，各个采样均恢复正常。因此，现场应加强监视，当再次出现极保护 B 系统持续动作或频繁动作时，采取以下措施：

(1)第一时间去极Ⅱ控制保护设备室，手动启动直流故障录波。

(2)用万用表检查上述隔离放大模块的输入/输出电压，用笔记本接入主机检查模拟量采样。

(3)现场确认隔离放大模块备品是否充足，HCM200 主机的输入/输出板卡备品是否充足，确保可以随时更换。

第四节　500 kV 交流站控 A 系统的软件故障检查处理

一、事件概述

2012 年 11 月 26 日 11:14，某±660 kV 直流换流站事件记录报"500 kV 交流站控 A 系统软件故障"，始终未复归。在对站控机箱进行重启后，报"交流场光纤接口屏 51——500 kV 交流站控系统 A——OLM 故障"，并立即复归。此时交流站控 B 系统为主用，直流系统运行正常。

二、现场检查及分析情况

(一)现场检查情况

现场检查情况如图 1-12 所示。500 kV 交流站控 A 系统的 HCM200 机箱面板显示为"C"，CS7 板卡上的 SS4 板卡状态指示灯灭，且 OLM（光电转换模块）显示为通信故障。

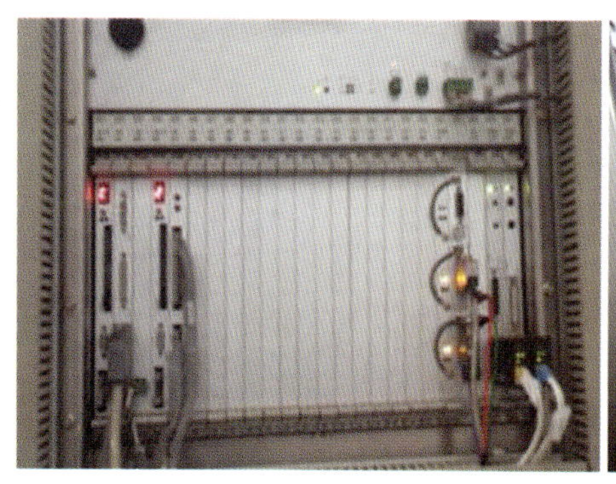

(a)HCM200 主机报“C”(软件故障)

(b)OLM 模块指示灯显示通信故障

图 1-12　500 kV 交流站控 A 系统的现场检查情况

500 kV 交流站控 B 系统将 COL 模块置为切换闭锁状态,对 A 系统的 HCM200 机箱进行断电重启,重启后故障未消除,且 CS7 板卡上的 SS52 与 SS4 板卡面板指示灯灭,由此判断通信板卡 SS52 与 SS4 或 CS7 可能存在故障。为确认故障点,再次实施断电,并在大约 5 min 后重启,故障未消除,后台开始频发“交流场光线接口屏 51——500 kV 交流站控系统 A——OLM 故障”。

(二)故障分析

CS7 板卡为通信板卡,上面有三个插槽,可以配置三个通信子板。本系统的 CS7 配有两个 SS4 板卡与一个 SS52 板卡,其中 SS52 与 OLM 相连,与交流场光纤接口屏通信。当 SS4 或 SS52 板卡发生故障时,其在 CS7 面板上对应的工作指示灯会熄灭。

HCM200 主机在上电时,机箱的第一块 PM6 板卡会进行通信自检,当自检程序检测到机箱内配置的板卡数量、型号与程序内的配置不一致时,会报“初始化错误”,并向外输出软件故障告警信号。

OLM 为 HCM200 的对外光纤通信转换模块,当其检测到无通信时,会触发继电器接点报相应的控制系统通信故障。在此次故障现场,OLM 正确发出了告警信号,由此可判断 OLM 工作正常。

由于两次重启后,CS7 板卡对应的 SS52 与 SS4 板卡的工作指示灯均灭且报“C”故障,由此判断 SS52 板卡故障,且可能引起 SS4 同时故障。

(三)备件准备情况

在故障现场确认故障板卡后,通过板卡测试柜对备件 SS52 板卡进行检测,安装并配置相应的通信程序,配置完成后,在测试柜上对备件板卡进行测试,板卡测试通过。更换 SS4 板卡无须配置通信程序。

三、现场处理情况

将交流站控 A 系统的 HCM200 机箱断电，更换通过测试的 SS52 板卡。上电后，CS7 板卡上的 SS52 板卡指示灯显示正常，但是仍然显示为“C”故障，且此时 CS7 板卡上的 SS4 板卡指示灯仍灭。再次断电，并在大约 5 min 后重启，故障仍未消除。由此可判断 SS4 板卡也发生了通信故障，导致 PM6 板卡无法检测到该板卡，发生初始化错误。

确认 SS4 板卡无须进行配置后，重新断电并更换 SS4 板卡，上电后故障消除，CS7、OLM 及 HCM200 机箱各指示灯恢复正常。COL 模块软件告警及后台告警信号复归，500 kV 交流站控系统 A 恢复正常运行。

第五节　±660 kV 直流换流站换相失败简报

一、事件概述

2012 年 9 月，某±660 kV 直流换流站分别于 8 日、11 日发生换相失败告警，经询问当值调度员，确认两次告警均由山东电网 220 kV 线路发生接地故障引发跳闸，导致交流系统电压波动引起。表 1-5 汇总了换相失败故障信息。

表 1-5　换相失败故障信息汇总

时间	极Ⅰ		极Ⅱ	
9 月 8 日	故障持续时间	66 ms	故障持续时间	61 ms
	交流侧电压最低值	C 相 257 kV	交流侧电压最低值	C 相 257 kV
	故障时最大直流电流	5629 A	故障时最大直流电流	5216 A
	阀侧交流电流	150 A	阀侧交流电流	130 A
9 月 11 日	故障持续时间	66 ms	故障持续时间	63 ms
	交流侧电压最低值	C 相 250 kV	交流侧电压最低值	C 相 250 kV
	故障时最大直流电流	5848 A	故障时最大直流电流	5970 A
	阀侧交流电流	140 A	阀侧交流电流	140 A

二、换相失败告警原理

(一)保护判据

Y 桥：$I_d - I_{acY} > 0.133\ pu + 0.1 * I_d$，且 $I_{acY} < 0.65 * I_d$（Y 桥）

D 桥：$I_d - I_{acD} > 0.133\ pu + 0.1 * I_d$，且 $I_{acD} < 0.65 * I_d$（D 桥）

其中 I_{DP} 为极保护测量换流器高压侧直流电流，I_{DNC} 为换流器中性线侧直流电流，I_d 为直流电流，取 I_{Dp} 与 I_{DNC} 两者中的较小值，I_{acY}、I_{acD} 为换流变阀侧电流。

(二)保护定值

换相失败保护定值如表 1-6 所示。

表 1-6　换相失败保护定值

换相失败保护		
1	差流动作定值	0.133 pu
2	比率制动斜率	0.1
3	阀侧电流起动系数	0.65
4	换相失败告警延时	3 ms
Y 桥/D 桥单桥换相失败		
5	系统切换延时	400 ms
6	保护动作延时	600 ms
双桥换相失败(快速段)		
7	系统切换延时	200 ms
8	保护动作延时	300 ms
双桥换相失败(慢速段展宽 500 ms)		
9	系统切换延时	1.8 s
10	保护动作延时	2.6 s
双桥换相失败(慢速段展宽 2 s)		
11	系统切换延时	8 s
12	保护动作延时	10 s

三、2012 年 9 月 8 日 12:54 换相失败说明

2012 年 9 月 8 日 12:54，山东电网 220 kV 黄空线路发生故障跳闸，重合不成功，引起交流侧电压明显波动，导致某±660 kV 直流换流站双极发生换相失败告警，告警约66 ms后复归，未引起极控系统切换等严重后果。

(一)极Ⅰ换相失败告警分析

图 1-13 和图 1-14 显示的是发生换相失败故障前后的极Ⅰ故障录波。

根据录波波形分析，12:54:18:599，由于交流侧电压扰动，最先引起 C 相电压跌落，相电压由正常的303 kV跌至 257 kV，导致双桥换相时失败。

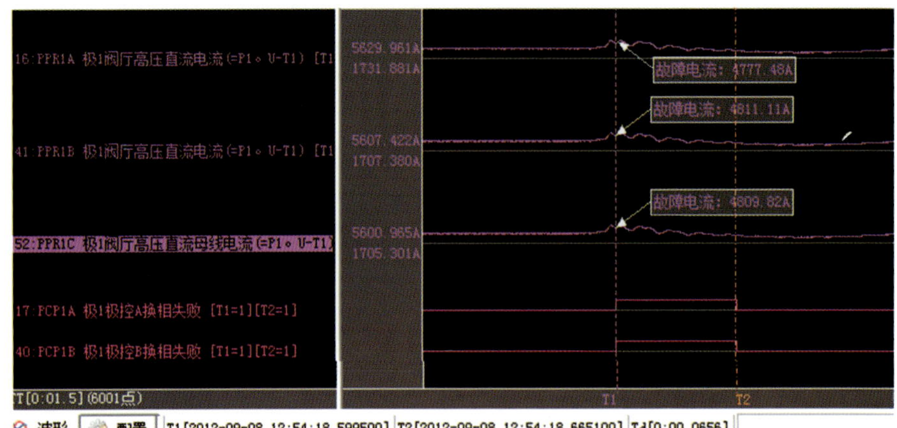

图 1-13 直流故障录波 1

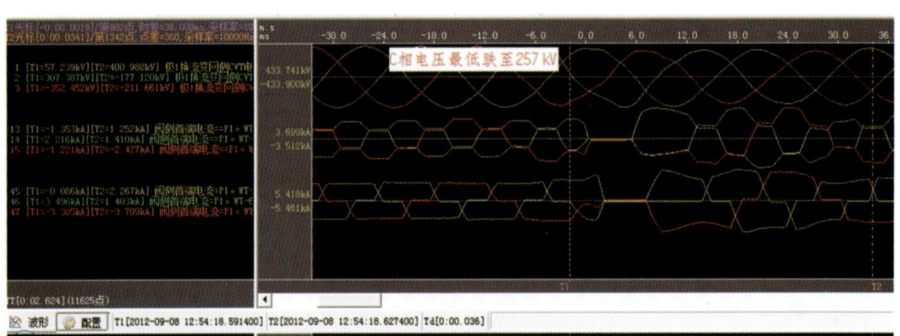

图 1-14 直流故障录波 2

告警时刻，交流侧线电流 I_{acY} 约为 150 A，而直流侧 I_d 约为 4800 A，瞬时最大值为 5629 A。因此，保护判据满足，极 Ⅰ 极控 A、B 系统延时 3 ms 发出换相失败告警。根据故障录波，告警 66 ms 后复归。

（二）极 Ⅱ 换相失败告警分析

图 1-15 和图 1-16 显示的是发生换相失败故障前后的极 Ⅱ 故障录波。根据录波波形分析，12:54:18:591，由于交流侧电压扰动，最先引起 C 相电压跌落，相电压由正常的303 kV跌至 255 kV，导致极 Ⅱ Y/Y 桥换相失败。

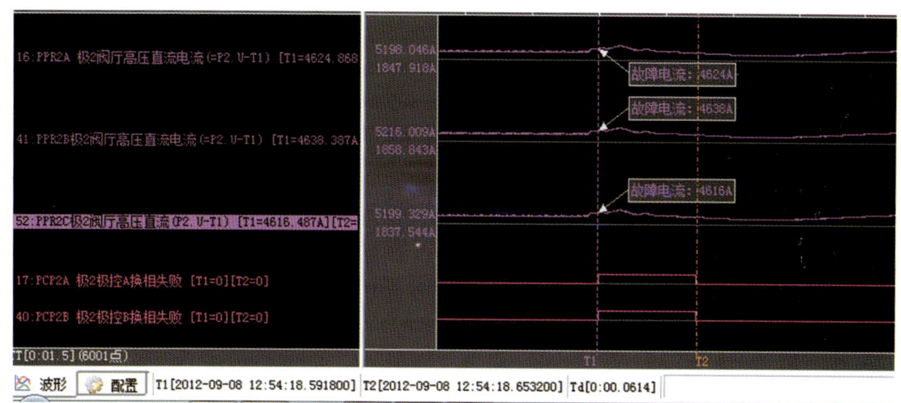

图 1-15　直流故障录波 1

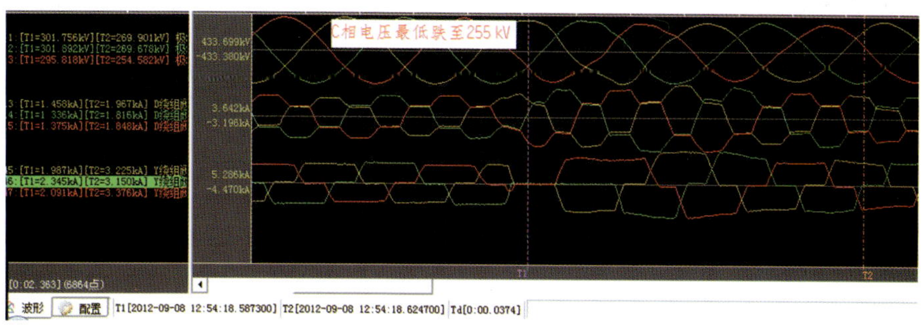

图 1-16　直流故障录波 2

告警时刻，交流侧线电流 I_{acY} 约为 130 A，而直流侧 I_d 约为 4620 A，瞬时最大值为 5216 A。因此，保护判据满足，极 Ⅱ 极控 A、B 系统延时 3 ms 发出换相失败告警。根据故障录波，告警 61 ms 后复归。

四、2012 年 9 月 11 日 11:15 换相失败说明

2012 年 9 月 11 日 11:15，山东电网 220 kV 岛琅线路发生故障跳闸，引起交流侧电压明显波动，导致某±660 kV 直流换流站双极发生换相失败告警，告警 66 ms 后复归，未引起极控系统切换等严重后果。

（一）极 Ⅰ 换相失败告警分析

图 1-17 和图 1-18 显示的是发生换相失败故障前后的极 Ⅰ 故障录波。根据录波波形分析，15:54:23:847，由于交流侧电压扰动，最先引起 C 相电压跌落，相电压由正常的303 kV跌至 250 kV，导致极 Ⅰ 双桥换相失败。

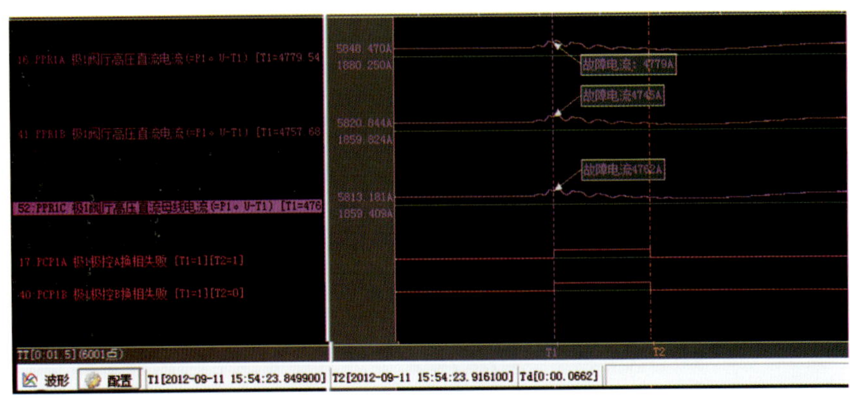

图 1-17 直流故障录波 1

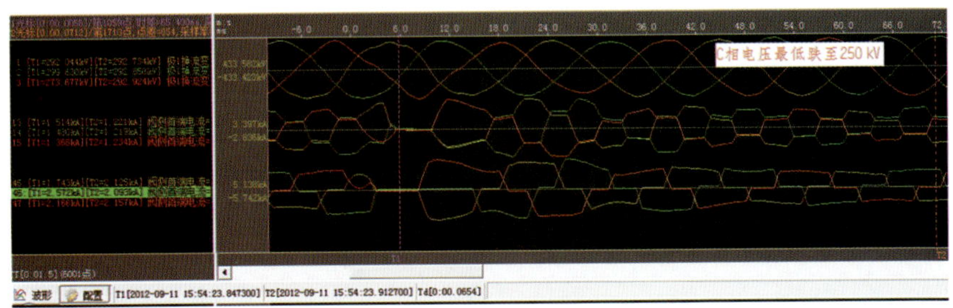

图 1-18 直流故障录波 2

告警时刻，交流侧线电流 I_{acY} 约为 130 A，I_{acD} 约为 140 A，直流侧 I_d 约为 4757 A，瞬时最大值为 5848 A，因此，保护判据满足，极Ⅰ极控 A、B 系统延时 3 ms 发出换相失败告警。根据故障录波，告警 66 ms 后复归。

（二）极Ⅱ换相失败告警分析

图 1-19 和图 1-20 显示的是发生换相失败故障前后的极Ⅱ故障录波。根据录波波形分析，15：54：23：841，由于交流侧电压扰动，最先引起 C 相电压跌落，相电压由正常的303 kV跌至 250 kV，导致极Ⅱ双桥换相失败。

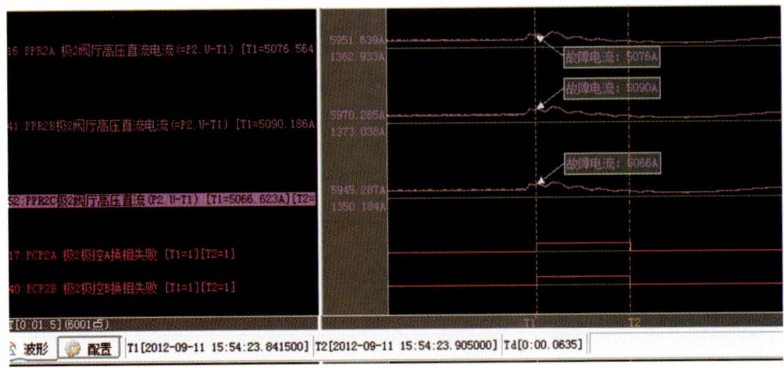

图 1-19 直流故障录波器 1

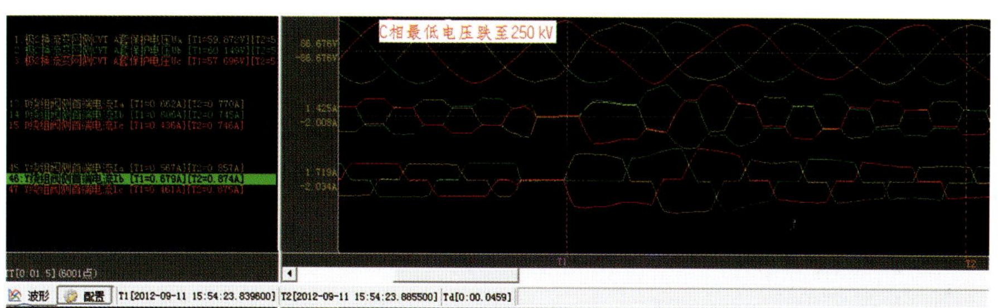

图 1-20　直流故障录波器 2

告警时刻，交流侧线电流 I_{acY} 约为 130 A，I_{acD} 约为 140 A，直流侧 I_d 约为 5070 A，瞬时最大值为 5970 A。因此，保护判据满足，极Ⅱ极控 A、B 系统延时 3 ms 发出换相失败告警。根据故障录波，告警 63 ms 后复归。

五、换相失败动作结论

综上所述，某±660 kV 直流换流站在 2012 年 9 月发生的两次换相失败保护中，告警均正确，都是由外部电网的线路故障引起，未引起极控系统切换等严重后果。

六、2012 年某±660 kV 直流换流站换相失败统计

某±660 kV 直流换流站 2012 年发生的换相失败事件简况如表 1-7 所示。

表 1-7　**2012 年某±660 kV 直流换流站换相失败事件统计**

序号	时间	极Ⅰ	极Ⅱ	原因分析
1	2012 年 2 月 27 日 20:10	●	●	录波显示交流系统 A、B、C 相电压存在扰动。询问山东电力调度控制中心得知，此时 500 kV 线路发生故障
2	2012 年 3 月 15 日 20:10	●	●	现场检查故障录波，500 kV 三相电压存在明显扰动（B、C 相电压最低值约 270 kV，A 相电压最低值约 240 kV）。汇报集控中心并询问山东电力调度控制中心，得知该时刻 500 kV 莱光Ⅰ线线路跳闸
3	2012 年 6 月 3 日 11:47	●	●	现场检查故障录波，500 kV 三相电压存在明显扰动。询问山东电力调度控制中心得知，该时刻 220 kV 上广线线路跳闸

续表

序号	时间	极Ⅰ	极Ⅱ	原因分析
4	2012 年 6 月 15 日 8:43	●	●	现场检查故障录波，500 kV 三相电压存在明显扰动。询问山东电力调度控制中心得知，该时刻 220 kV 崂胶线线路跳闸
5	2012 年 7 月 3 日 10:58	●	●	本站 500 kV 东崂Ⅰ相 C 相故障重合闸成功
6	2012 年 7 月 29 日 18:31	●	●	现场检查故障录波，500 kV 三相电压存在明显扰动。询问山东电力调度控制中心得知，该时刻 500 kV 益川Ⅰ、Ⅱ线线路跳闸重合成功
7	2012 年 7 月 29 日 18:32	●	●	现场检查故障录波，500 kV 三相电压存在明显扰动。询问山东电力调度控制中心得知，该时刻 500 kV 益川Ⅰ、Ⅱ线线路跳闸重合成功
8	2012 年 8 月 31 日 10:55	●	●	该事件连续出现两次。现场检查故障录波，500 kV 的 C 相电压存在明显扰动。询问国家电力调度控制中心得知，该时刻省内 220 kV 琅庄Ⅱ线线路故障重合不成功跳闸
9	2012 年 9 月 8 日 12:54	●	●	现场检查故障录波，500 kV 的 A、C 相电压存在扰动。询问山东电力调度控制中心得知，该时刻 220 kV 线路故障
10	2012 年 9 月 11 日 15:54	●	●	现场检查故障录波，500 kV 的 C 相电压存在扰动。由某±660 kV 直流换流站生产调度处得知，该时刻220 kV岛琅线跳闸
11	2012 年 10 月 5 日 23:29	●	●	现场检查故障录波，500 kV 的 B 相电压存在扰动。由某±660 kV 直流换流站生产调度处得知，该时刻500 kV照琅线跳闸
12	2012 年 10 月 24 日 17:45	●	●	现场检查故障录波，500 kV 的 B 相电压存在扰动。由某±660 kV 直流换流站生产调度处得知，该时刻 220 kV 上广线跳闸重合成功

续表

序号	时间	极Ⅰ	极Ⅱ	原因分析
13	2012年10月25日23:11	●	●	现场检查故障录波,500 kV三相电压存在扰动。由某±660 kV直流换流站生产调度处得知,网内无故障

第六节　银东极Ⅱ直流系统单极大地回线转金属回线过程中的闭锁分析报告

一、事件概述

2014年9月29日21:37:40,银东极Ⅱ直流系统由单极大地回线转金属回线过程中,银东站金属回线转换开关(MRTB)拉开后,其振荡回路避雷器爆炸重合,某±660 kV直流换流站金属回线接地保护动作触发,极Ⅱ直流系统闭锁,损失功率1950 MW。

二、故障情况检查

(一)事件记录

发生事故时的事件记录如表1-8所示。

表1-8　发生事故时的事件记录

时间	事件类型	主/从	控制系统	事件报文
21:37:40:701	直流SER事件	主(B)	直流站控	极Ⅱ金属回线运行命令——产生
21:37:51:354	直流SER事件	主(B)	直流站控	极Ⅱ大地回线——消失
21:38:03:580	直流SER事件	主(B)	直流站控	极Ⅱ已连接——消失
21:38:04:147	直流SER事件	主(B)	直流站控	直流系统解锁运行状态——消失
21:38:35:274	直流SER事件	主(B)	直流站控	极Ⅱ已连接——产生

续表

时间	事件类型	主/从	控制系统	事件报文
21:38:36:147	直流 SER 事件	主(B)	极Ⅱ	直流系统解锁运行状态——产生
21:39:30:667	直流 SER 事件	主(B)	极Ⅱ直流保护系统	金属回线接地保护移相重启——产生
21:39:30:915	直流 SER 事件	主(B)	500 kV 交流站控	交流开关场 5022 开关第二组出口跳闸——产生
21:39:30:916	直流 SER 事件	主(B)	500 kV 交流站控	交流开关场 5022 开关第一组出口跳闸——产生
21:39:30:917	直流 SER 事件	主(B)	极Ⅱ直流保护系统	金属回线接地保护跳闸——产生
21:39:30:924	直流 SER 事件	主(B)	极Ⅱ	外部跳闸闭锁直流系统——产生
21:39:30:928	直流 SER 事件	主(B)	500 kV 交流站控	交流开关场 5021 开关第二组出口跳闸——产生
21:39:30:939	直流 SER 事件	主(B)	500 kV 交流站控	交流开关场 5021 开关第一组出口跳闸——产生
21:39:30:959	直流 SER 事件	主(B)	极Ⅱ	对站紧急停机——产生
21:39:30:995	直流 SER 事件	主(B)	直流站控	保护启动极Ⅱ隔离——产生

(二)设备检查

在一次设备检查中,极Ⅱ直流系统极隔离状态正常,未发现异常情况。据悉,银川东站金属回线转换开关(MRTB)在分开后,因避雷器击穿发生爆炸,开关保护动作重合 MRTB。

在二次设备检查中,极Ⅱ直流系统保护 A、B 屏均动作出口,故障录波器启动,且极保护 A、B 系统波形一致。

三、故障检查、处理及原因分析

(一)金属回线接地保护动作分析

金属回线接地保护涉及接地极线路 CT1(I_{DEL1})、接地极线路 CT2(I_{DEL2})、站内接地极 NBGS 开关电流(I_{DGND}),共三个直流光 CT,它们在回路中的位置如图 1-21 所示。

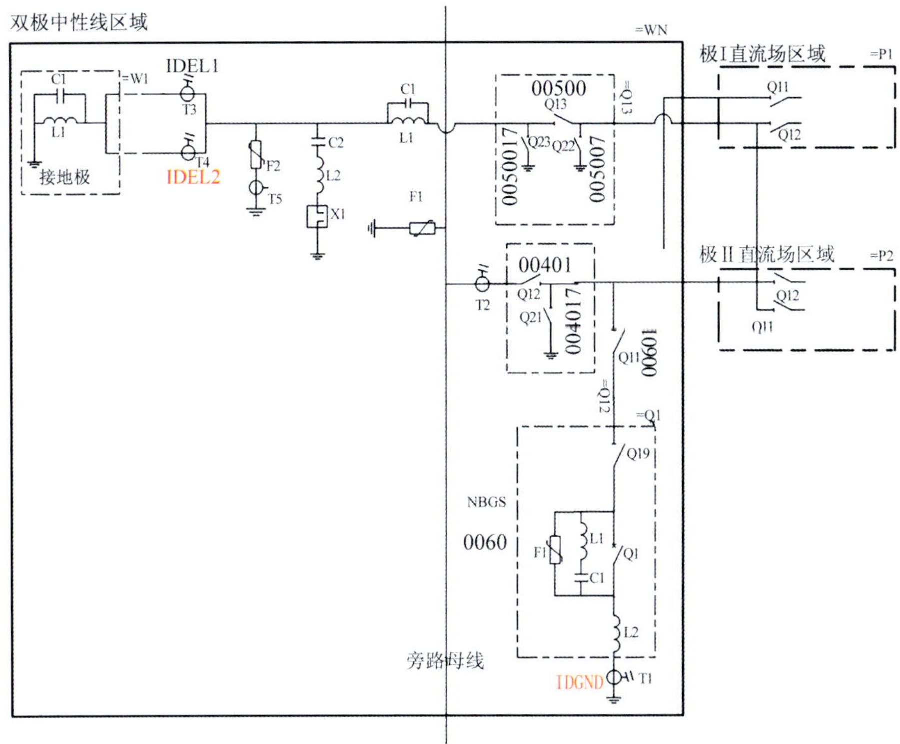

图 1-21　电流取样点在回路中的位置

1. 保护动作判据

在单极金属回线方式下,取 $\Delta = I_{DEL1} + I_{DEL2} + I_{DGND}$,当 $\Delta > 0.1 \times I_{DNE} + 50$ 时,如延时 $t=200$ ms,功率下降并重启;如延时 $t=450$ ms,紧急停运。

I_{DEL1}:接地极线路 CT1,编号为"=WN-T3"。

I_{DEL2}:接地极线路 CT2,编号为"=WN-T4"。

I_{DGND}:站内接地极 NBGS 开关电流。

另外,保护动作必须满足金属回线方式的条件。

保护软件中的模块动作如图 1-22 所示。

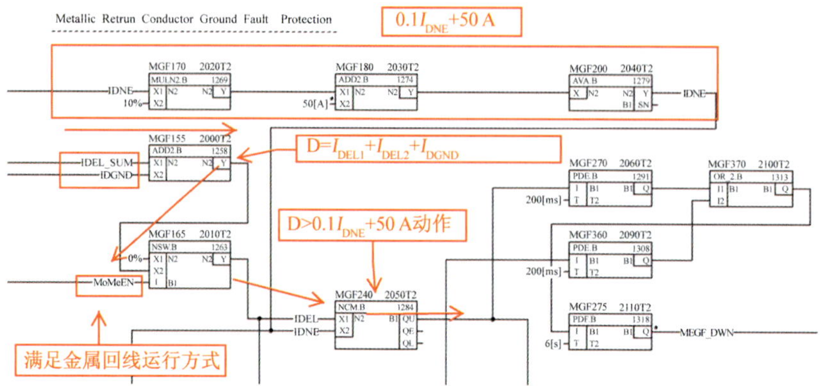

图 1-22　金属回线接地保护模块动作

2. 保护取量

I_{DEL1}、I_{DEL2}、I_{DGND}均为光 CT，分别通过独立的 6 个远端模块送至极 Ⅰ、极 Ⅱ 直流测量屏，然后通过 AIM 模块转换成模拟信号，送至极保护 A、B、C 系统及故障录波器。各模拟信号采样二次回路独立，互不影响。

光 CT 采集的模拟量通过极保护屏进入极保护软件程序，如图 1-23 所示。

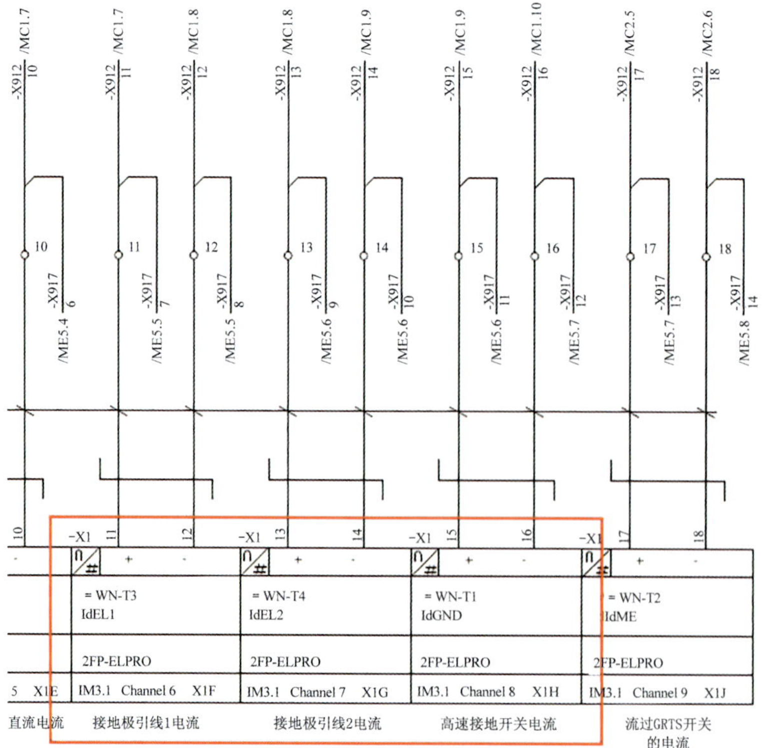

图 1-23　相关模拟量进入软件程序

3. 波形分析

保护动作故障波形如图 1-24 所示。

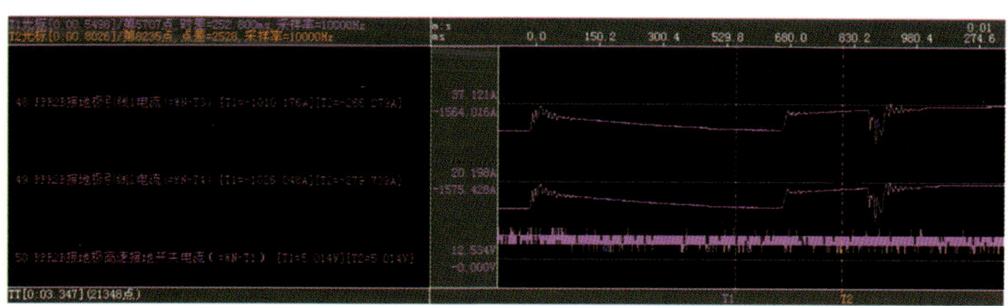

图 1-24　保护动作故障波形

触发保护动作时，站内接地极 NBGS 开关未投运，因此 I_{DGND} 为 0。I_{DEL1}、I_{DEL2} 则有如下变化：

(1)在极Ⅱ方式转换前，分别为 1500 A 左右。

(2)在转换过程中，当金属回线导通，银川侧金属回线转换开关(MRTB)未分开前，I_{DEL1}、I_{DEL2} 分别为 1120 A 左右，此时金属回线与大地回线并联运行。

(3)在 MRTB 分闸后重合的过程中，根据故障录波波形判断，接地极线路中一直有电流，最低值约为 545 A，远大于 350 A(定值最大值)。因此，电气量判据满足保护动作条件。

此时，若直流保护系统收到“金属回线方式”信号，则出口闭锁极Ⅱ。检查发现，该信号由极控系统发送至极保护屏 A、B、C，为硬接点信号。检查极控屏的数字量信号输出继电器 K312 及直流保护屏的数字量信号输入继电器 K208，发现该信号确实一直在，因此保护动作正确。

继电器检查情况如图 1-25 所示：

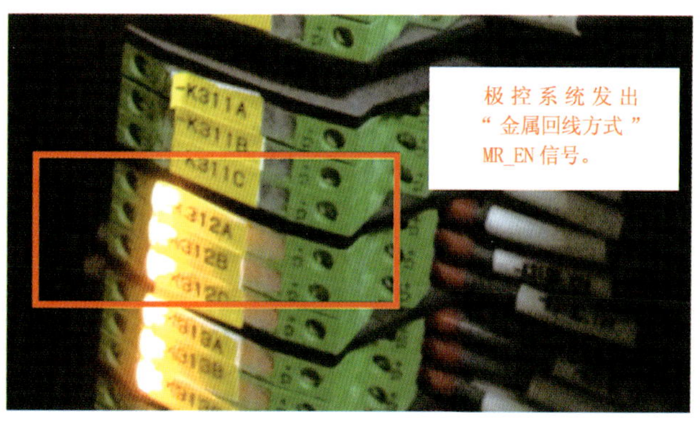

图 1-25　极控系统发出“金属回线方式”信号

(二)极控系统发出"金属回线方式"信号分析

本次由极Ⅱ大地回线向金属回线转换的过程中,银川侧 MRTB 分开后,MRTB 分位信号便发送至极控系统,信号通过站间通信传至某±660 kV 直流换流站。某±660 kV 直流换流站直流控制及保护系统(PCP)发送"金属回线方式"信号至极保护系统。

但是当银川侧 MRTB 重合以后,某±660 kV 直流换流站 PCP 仍然一直发出"金属回线方式"信号至极保护系统,引发了保护动作。

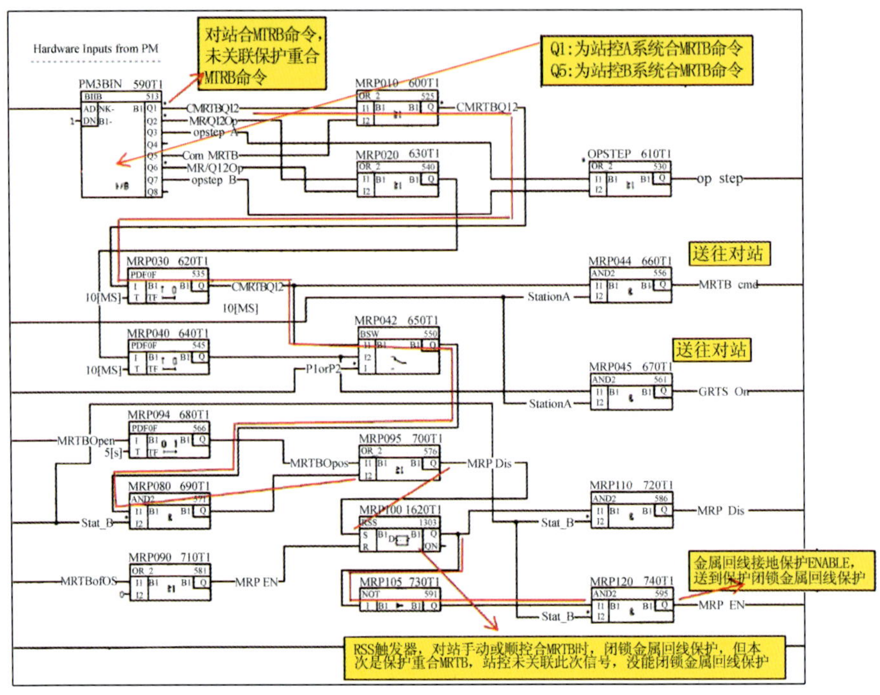

图 1-26　修改前极控判断"金属回线方式"信号

图 1-26 中,MRP094 模块展宽"MRTB 分闸"命令信号,MRP090 模块监视 MRTB 分位信号。当开关分开后,MRP100 模块(RS 触发器)输出 0,取反后,MRP120 模块输出"MR_EN"信号。当银川侧合 MRTB 时,如图中红色路径,MRP100 模块中,S 端输入 1,R 端变为 0,取反后,MRP120 模块输出的"MR_EN"信号为 0。

本次故障发生时,MRTB 是重合命令,不是正常的顺控或手动合闸命令,未关联至本软件页面。因此当 MRTB 重合后,MRP100 模块的 S、R 端均变为 0,保持原来的输出,即"MR_EN"信号仍为 1。由此可得出以下结论:

(1)胶东站金属回线接地保护动作正确。

(2)在极控软件当中对"金属回线方式"信号的判断方式不严谨,没有考虑 MRTB 重合工况，导致“金属回线方式”信号一直有效。

四、处理和改进措施

(一)极控系统软件升级

本次故障发生后，许继集团有限公司立即进行了仿真试验，对极控软件进行了修改，如图 1-27 所示。

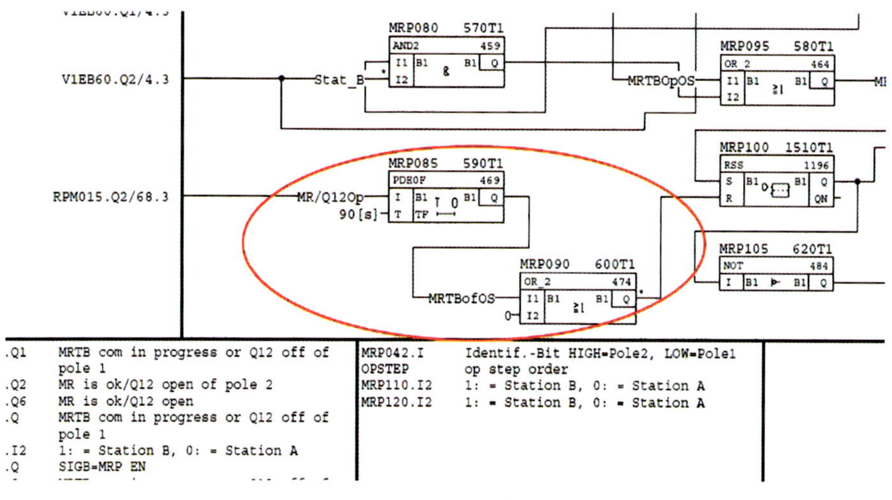

图 1-27　软件修改部分

此次修改中，在 MRP090 模块处增加了延时 90 s 模块，使极控系统收到直流站控的 MRTB 分位后延时 90 s，若分位信号一直在，则开放“MR_EN”信号。

此修改方案国家电力调度通信中心保护处已知晓，且已经国网运检部书面同意。截至 2012 年，德宝、向上、溪浙直流均采用 90 s 延时方案，此方案已经经过直流输电系统运行实践验证。

(二)改进措施

2012 年 10 月 9 日晚，极Ⅰ、极Ⅱ极控系统均按此方案进行了软件升级。

第二章　换流阀及阀控系统

第一节　“极Ⅰ阀8主系统触发脉冲驱动异常”故障检查分析

一、事件概述

2013年5月31日至6月1日，某±660 kV直流换流站极Ⅰ极控A系统连续发出“极Ⅰ阀8主系统触发脉冲驱动异常”告警，导致极控A系统退出运行。2013年5月31日14:38，该告警第一次出现，随后极控主动退出阀基电子设备(VBE)A系统(当时为从系统)。表2-1显示的是故障发生时的事件记录。

表2-1　　事故事件记录

时间	主/从	控制系统	事件报文
14:38:19:532	主	辅助系统	极Ⅰ阀8(A)VBE主系统触发脉冲驱动异常——产生
14:38:19:532	从	极Ⅰ极控A	极控系统就绪——消失
14:38:19:532	从	极Ⅰ极控A	VBE故障——产生
14:38:19:532	从	极Ⅰ极控A	极Ⅰ阀基电子设备屏3VBE故障1——产生

二、现场状态检查

现场检查发现，VBE12屏内的S5005板卡面板指示灯状态正常，无Trip及Fail告警，对应的Fail(负逻辑)信号继电器K43701指示灯灭(即有Fail信号产生)，如图2-1所示。极控屏显示对应的COL模块“VBE不OK”状态，即确实收到了 VBE 发来的 Fail 信号。后经手动远方复位后恢复正常。

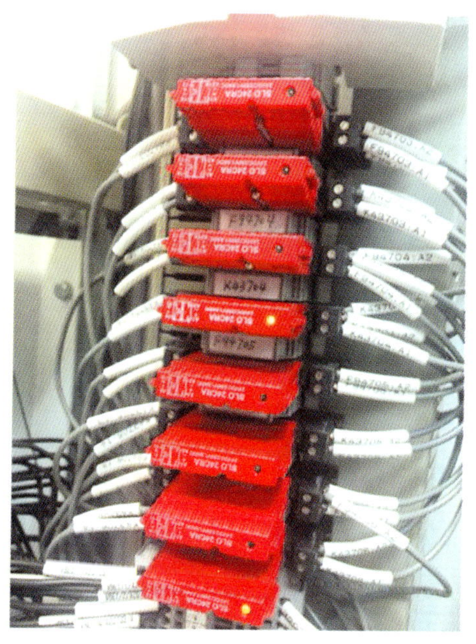

图 2-1　故障现场的继电器状态

2013 年 5 月 31 日 18:44，该告警第二次出现，因当时在操作系统功率，没有手动进行复归，19:38，该告警自动复归，同时产生大量极Ⅰ阀 8 故障告警，系统恢复正常，现场工况与第一次一致。

2013 年 6 月 1 日 5:33，该告警第三次出现，5:43，现场手动远方复归后系统恢复正常。

三、故障分析

脉冲驱动异常的信息由阀控核心控制板 S5005 板卡报出。但本次故障中始终为极Ⅰ VBE12 屏的 S5005 板卡中对应的阀 8 出现故障，由此分析，故障点应在 VBE12 屏内对应 A 系统的 S5005 板卡或屏内其他板卡、继电器及接线上。

该故障发生时，将导致极控系统退出运行，使直流系统的可靠性大大降低。且该故障之前只发生于系统安装调试期，其故障原因无法进一步分析。

四、处理情况

2013 年 6 月 5 日，申请对极Ⅰ停电，进行检查处理。处理过程中更换了 VBE12 屏内的 S5005 板卡，并对屏内二次端子进行了紧固，之后该告警未再次报出。

第二节　极Ⅱ阀 1 模块 8 组件 B 晶闸管 10 门极充电故障检查分析

一、事件概述

2013 年 7 月 2 日，某±660 kV 直流换流站以双极大地回线方式运行，运行情况正常，9:25，事件记录报“极Ⅱ阀 1(A/B)模块 08 组件 B 晶闸管 10-门极充电故障”，并伴随该级晶闸管 VBO(保护性触发)动作频发。图 2-2 显示的是故障发生时的事件记录。

[illegible]	直流SER事件	主(A)	站用电	[23117]35kV 303B #0站用变保护动作——产生
2013-07-02,09:36:38:029	直流SER事件	主(A)	站用电	[23118]35kV 303B #0站用变保护装置告警——产生
2013-07-02,09:36:39:737	直流SER事件	主(A)	站用电	[23117]35kV 303B #0站用变保护动作——消失
2013-07-02,09:36:39:788	直流SER事件	主(A)	站用电	[23118]35kV 303B #0站用变保护装置告警——消失
2013-07-02,09:44:27:905	辅助系统S...	主	极2阀VBE装置	[726393]极2阀1(A)模块08组件B晶闸管10-门极充电故障——产生
2013-07-02,09:44:27:905	辅助系统S...	主	极2阀VBE装置	[712457]极2阀1(B)模块08组件B晶闸管10-门极充电故障——产生
2013-07-02,09:44:46:467	辅助系统S...	主	极2阀VBE装置	[726392]极2阀1(A)模块08组件B晶闸管10-VBO动作——产生
2013-07-02,09:44:46:467	辅助系统S...	主	极2阀VBE装置	[712456]极2阀1(B)模块08组件B晶闸管10-VBO动作——产生
2013-07-02,09:45:00:639	辅助系统S...	主	极2阀VBE装置	[726392]极2阀1(A)模块08组件B晶闸管10-VBO动作——消失
2013-07-02,09:45:00:655	辅助系统S...	主	极2阀VBE装置	[712456]极2阀1(B)模块08组件B晶闸管10-VBO动作——消失
2013-07-02,09:45:00:748	辅助系统S...	主	极2阀VBE装置	[712456]极2阀1(B)模块08组件B晶闸管10-VBO动作——产生
2013-07-02,09:45:00:764	辅助系统S...	主	极2阀VBE装置	[726392]极2阀1(A)模块08组件B晶闸管10-VBO动作——产生
2013-07-02,09:45:01:170	辅助系统S...	主	极2阀VBE装置	[726392]极2阀1(A)模块08组件B晶闸管10-VBO动作——消失
2013-07-02,09:45:01:170	辅助系统S...	主	极2阀VBE装置	[712456]极2阀1(B)模块08组件B晶闸管10-VBO动作——消失
2013-07-02,09:45:01:327	辅助系统S...	主	极2阀VBE装置	[712456]极2阀1(B)模块08组件B晶闸管10-VBO动作——产生
2013-07-02,09:45:01:327	辅助系统S...	主	极2阀VBE装置	[726392]极2阀1(A)模块08组件B晶闸管10-VBO动作——产生
2013-07-02,09:45:15:873	辅助系统S...	主	极2阀VBE装置	[712456]极2阀1(B)模块08组件B晶闸管10-VBO动作——消失
2013-07-02,09:45:15:889	辅助系统S...	主	极2阀VBE装置	[726392]极2阀1(A)模块08组件B晶闸管10-VBO动作——消失
2013-07-02,09:45:15:920	辅助系统S...	主	极2阀VBE装置	[726392]极2阀1(A)模块08组件B晶闸管10-VBO动作——产生
2013-07-02,09:45:15:936	辅助系统S...	主	极2阀VBE装置	[712456]极2阀1(B)模块08组件B晶闸管10-VBO动作——产生
2013-07-02,09:45:17:936	辅助系统S...	主	极2阀VBE装置	[712456]极2阀1(B)模块08组件B晶闸管10-VBO动作——消失
2013-07-02,09:45:17:936	辅助系统S...	主	极2阀VBE装置	[726392]极2阀1(A)模块08组件B晶闸管10-VBO动作——消失
2013-07-02,09:45:17:998	辅助系统S...	主	极2阀VBE装置	[726392]极2阀1(A)模块08组件B晶闸管10-VBO动作——产生
2013-07-02,09:45:17:998	辅助系统S...	主	极2阀VBE装置	[712456]极2阀1(B)模块08组件B晶闸管10-VBO动作——产生
2013-07-02,09:45:18:467	辅助系统S...	主	极2阀VBE装置	[726392]极2阀1(A)模块08组件B晶闸管10-VBO动作——消失

图 2-2　故障发生时的事件记录

二、故障告警说明

(一)门极充电故障

每个晶闸管的门极单元都通过该级晶闸管的两侧 RC 阻尼回路中的一路(144 Ω/0.5 μF)在晶闸管断态时进行取能，无论换流阀是以整流模式还是逆变模式运行，当交流系统故障引起换流站交流母线电压降低时，所有门极单元中的储能装置都仍具有足够的能量持续向晶闸管元件提供触发脉冲，使换流阀可以安全导通。当门极板检测到门极储能电压不足时，即报“门极充电故障”。

（二）VBO 动作

晶闸管关断后，即使它的阻断能力已完全恢复，其耐受电压的能力仍然有限。若晶闸管承受的正向电压过大，同样会因强制击穿导通而损坏。过电压保护就是在晶闸管两端的正向电压超过了 VBO 保护的动作阈值时触发晶闸管，使之正常导通，从而避免晶闸管被破坏性击穿。门极的 VBO 保护动作阈值随晶闸管的结温而变化。

三、故障情况分析

根据已有的故障现象分析，极Ⅱ阀 1(A/B)模块 08 组件 B 晶闸管 10 门极充电故障，但 VBO 能正确动作，且系统未报出晶闸管故障，可判断晶闸管、阻容回路（门极单元电源回路）工作正常，故障点应在门极回路中，如图 2-3 所示。

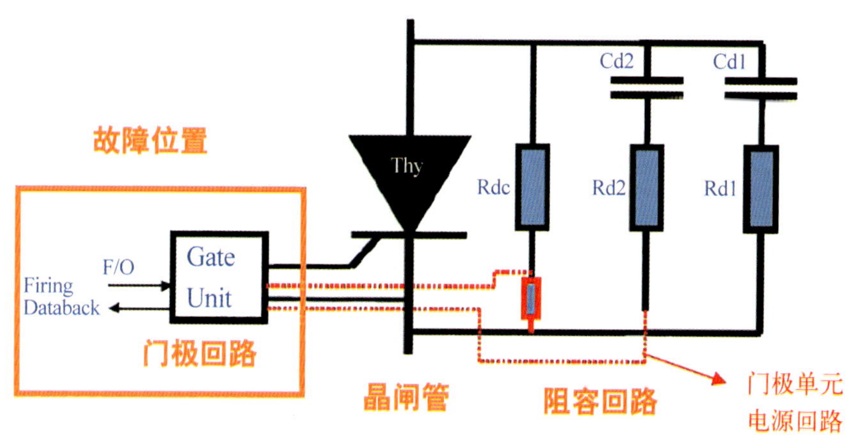

图 2-3 门极回路和阻容回路

晶闸管的触发方式有三种：正常触发、保护性触发和恢复性触发。因门极充电故障，可判断正常触发回路无法正常工作，只能通过保护性触发对电压值超过保护动作阈值的该级晶闸管进行保护性触发。此分析与事件记录中的描述相吻合。

因事件记录报 VBO 正常动作，可判断门极单元的保护性触发回路工作正常。

门极单元中，门极板用于正常触发晶闸管，分压补偿板用于电压监视、保护性触发、恢复性触发，可初步判断故障点应在门极板上，如图 2-4 所示。

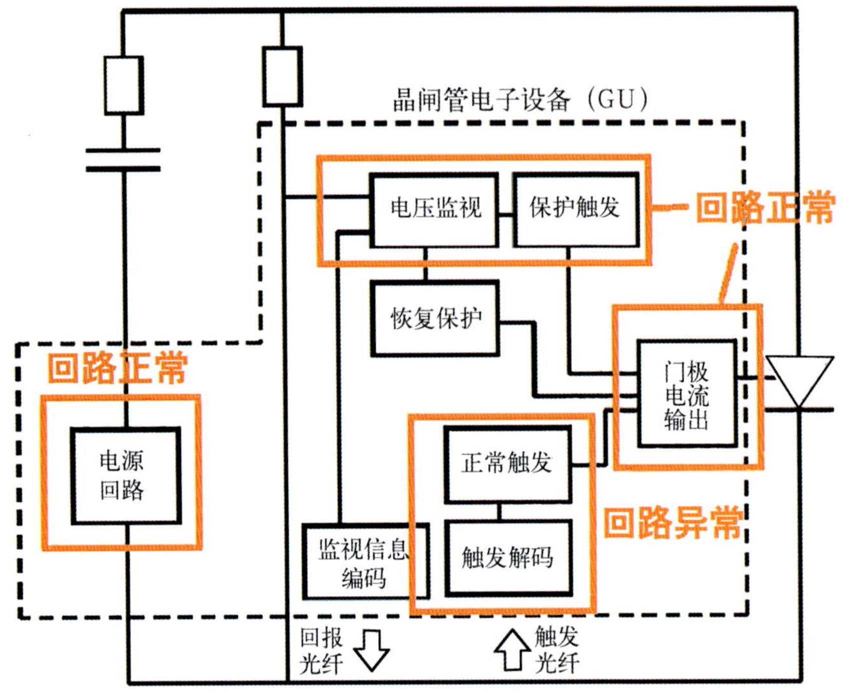

图 2-4　门极单元工作原理图

四、建议处理措施

初步判断极Ⅱ阀 1(A/B)模块 08 组件 B 晶闸管 10 所对应的门极板发生故障，为确保一次性清除故障，建议在极Ⅱ有停电机会时对该门极板及分压补偿板一并进行更换，更换时长约 2 小时。

因 VBO 动作会产生大量事件影响 OWS 的系统监控，故将 VBO 动作告警事件记录屏蔽，保留门极充电故障告警，并在值长信息中记录。保护性触发可以正常触发晶闸管，不会造成晶闸管损坏，该故障不影响正常运行。

对极Ⅱ阀厅全部阀塔进行红外测温，未发现异常温度点。因观察角度问题，无法测量到门极板（上有防尘罩）及晶闸管的温度。熄灯观察也未发现极Ⅱ阀塔有放电现象。

因单阀内 4 级晶闸管发生门极充电故障即会报“晶闸管冗余丢失”，故障数到达 5 个时，VBE 会发出闭锁信号。因此应加强监视，当极Ⅱ阀 1 内出现 3 级晶闸管门极充电故障时，应申请停运，进行处理。

已对极Ⅱ阀厅内的 8 个监控摄像头进行调节，将极Ⅱ阀 1 作为重点监控对象。

第三节 极Ⅰ换流阀 VBO 动作事件,阀塔放电

一、事件概述

(一)事件信息

(1)事件地点:某±660 kV 直流换流站。

(2)事件开始时间:2015 年 10 月 16 日 8:07。

(3)事件终止时间:2015 年 10 月 18 日 13:00。

(二)事件经过

2015 年 10 月 16 日 8:00～18 日 13:00,某±660 kV 直流换流站后台先后 8 次报“极Ⅰ阀 9 模块 01 组件 B 晶闸管 07、08、09、10、11、12 VBO 动作”且瞬时复归,其中晶闸管 08 报出后一直未复归,如图 2-5 所示。

-10-16,08:07:49:260	辅助系统S...	主	极1阀VBE装置	[738808]极1阀9(A)阀VBO动作超限——产生
-10-16,08:07:49:260	辅助系统S...	主	极1阀VBE装置	[738809]极1阀9(A)阀VBO动作冗余丢失——产生
-10-16,08:07:49:260	辅助系统S...	主	极1阀VBE装置	[738855]极1阀9(A)模块01组件B晶闸管08-VBO动作——产生
-10-16,08:07:49:260	辅助系统S...	主	极1阀VBE装置	[738862]极1阀9(A)模块01组件B晶闸管09 VBO动作——产生
-10-16,08:07:49:260	辅助系统S...	主	极1阀VBE装置	[739603]极1阀9(A)模块01组件B-阀组件VBO动作冗余丢失——产生
-10-16,08:07:49:275	辅助系统S...	主	极1阀VBE装置	[728356]极1阀9(B)阀VBO动作超限——产生
5-10-16,08:07:49:275	辅助系统S...	主	极1阀VBE装置	[728357]极1阀9(B)阀VBO动作冗余丢失——产生
5-10-16,08:07:49:275	辅助系统S...	主	极1阀VBE装置	[729151]极1阀9(B)模块01组件B-阀组件VBO动作冗余丢失——产生
5-10-16,08:07:49:275	辅助系统S...	主	极1阀VBE装置	[738869]极1阀9(A)模块01组件B晶闸管10-VBO动作——产生
5-10-16,08:07:49:275	辅助系统S...	主	极1阀VBE装置	[738876]极1阀9(A)模块01组件B晶闸管11-VBO动作——产生
5-10-16,08:07:49:275	辅助系统S...	主	极1阀VBE装置	[738823]极1阀9(A)模块01组件B晶闸管12-VBO动作——产生
15-10-16,08:07:49:291	辅助系统S...	主	极1阀VBE装置	[728403]极1阀9(B)模块01组件B晶闸管08-VBO动作——产生
15-10-16,08:07:49:291	辅助系统S...	主	极1阀VBE装置	[728410]极1阀9(B)模块01组件B晶闸管09-VBO动作——产生
15-10-16,08:07:49:291	辅助系统S...	主	极1阀VBE装置	[728417]极1阀9(B)模块01组件B晶闸管10-VBO动作——产生
015-10-16,08:07:49:291	辅助系统S...	主	极1阀VBE装置	[728424]极1阀9(B)模块01组件B晶闸管11-VBO动作——产生
015-10-16,08:07:49:291	辅助系统S...	主	极1阀VBE装置	[728431]极1阀9(B)模块01组件B晶闸管12-VBO动作——产生
015-10-16,08:07:49:322	辅助系统S...	主	极1阀VBE装置	[728356]极1阀9(B)阀VBO动作超限——消失
015-10-16,08:07:49:322	辅助系统S...	主	极1阀VBE装置	[738808]极1阀9(A)阀VBO动作超限——消失

图 2-5 极Ⅰ系统换流阀 VBO 异常动作事件记录

事件分析如下:

(1)事件中出现了三种报文信息:“极Ⅰ阀 9 模块 01 组件 B 所有晶闸管 VBO 均动作”“极Ⅰ阀 9 模块 01 组件 B VBO 动作冗余丢失动作”“极Ⅰ阀 9(Y5)模块 01 组件 B VBO 动作超限动作”。

(2)上述报警信息均由阀控双系统同时检测到并报出。

(3)已确定故障在极Ⅰ YY-C 相阀塔的最顶层位置。

现场检查发现,极Ⅰ阀 9 模块 01 组件 B 晶闸管 07、08 的触发线有灼痕。更换触发线后进行单极晶闸管就地触发试验发现,晶闸管 08 的门极板触发功能故障,不能正常触发晶闸管。初步判断认为,该组件晶闸管 08 门极板故障,且回路中存在其他故障,导致所有晶闸管 VBO 动作。

（三）事件处置

2015 年 10 月 19 日 21:00～20 日 8:00，某±660 kV 直流换流站极 I 停电进行检查。

现场检查极 I 阀 9 模块 01 组件 B，发现晶闸管 07 的阴极线和晶闸管 08 的阴极线之间有灼伤痕迹，如图 2-6 所示。

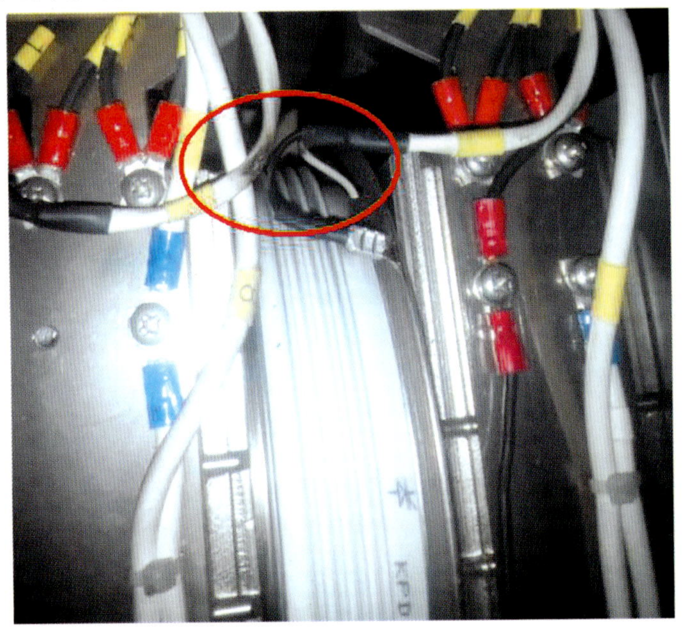

图 2-6　晶闸管 07、08 间的触发线灼伤痕迹

检查组件电容外观和接线端子，未发现明显的放电痕迹。检查组件电容两端的接线端子，未发现松动或脱落。测量组件电容，容值为 2.9 nF（见图 2-7），与相邻组件的电容值一致，未见异常。

晶闸管状态检测：用万用表测量晶闸管电阻值，数值正常，无击穿现象（见图 2-8）。

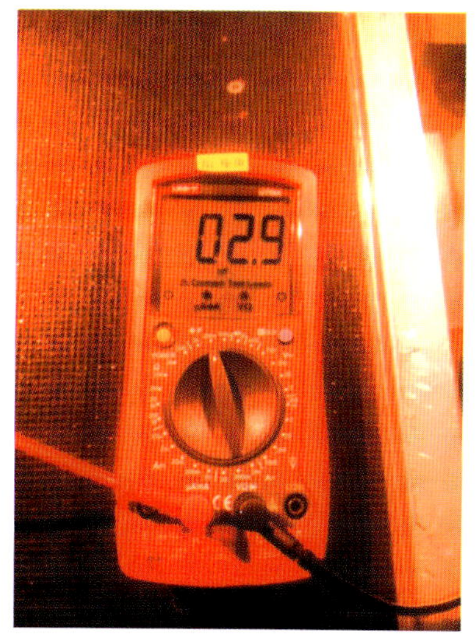

图 2-7　测量组件 B 电容值,正常

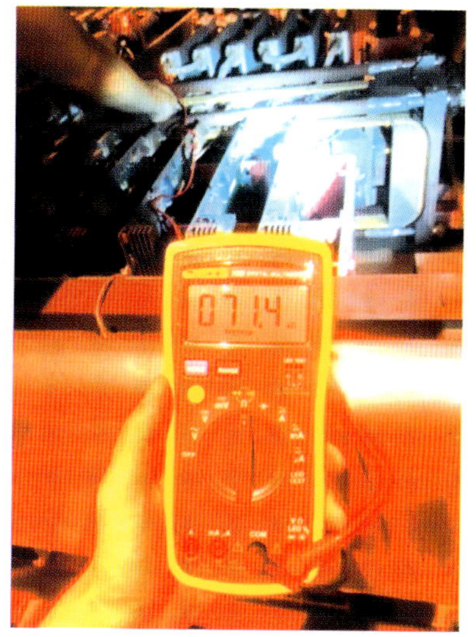

图 2-8　晶闸管电阻值正常

用 VTE(换流阀测试仪器)检测组件 B 的 07、08、09、10、11、12 级晶闸管回路门极单元功能,07、09、10、11、12 级晶闸管回路门极单元的功能正常,均能正常触发,08 级晶闸管回路门极板不能正常触发。

检查后,对晶闸管 07、08 的触发线缆进行了更换,对 08 级晶闸管门极板进行了更换,更换后重新对组件 B 的 07、08、09、10、11、12 级晶闸管回路进行阻容试验和单极触发试验,均正常。

二、设备信息及损失情况

(一)设备信息

(1)设备类型:换流阀。

(2)设备名称:极Ⅰ换流阀。

(3)设备型号:AREVA H400。

(4)电压等级:±660 kV。

(5)出厂日期:2010 年 4 月。

(6)投运日期:2011 年 3 月。

(7)生产厂家:中电普瑞电力工程有限公司。

(8)最后一次检修日期:2015 年 4 月 27 日。

(二)损失情况

极Ⅰ阀 9 模块 01 组件 B 晶闸管 07 的阴极线和晶闸管 08 的阴极线之间有灼伤痕迹。更换触发线后进行单极晶闸管就地触发试验,发现晶闸管 08 的门极板触发功能故障,不能正常触发晶闸管。

三、事件原因分析及防范措施

（一）事件原因分析

1. 报警事件原理说明

（1）VBO 动作原理：VBO 保护用来保护晶闸管免受正向过电压，在晶闸管承受正向过电压之前由门极单元对晶闸管进行保护性触发。某±660 kV 直流换流站的晶闸管额定电压为 7.2 kV，当晶闸管两端电压达到 6.94 kV 时，VBO 保护开启。

（2）VBO 动作冗余丢失：如果一个单阀（或一个组件）内触发 VBO 保护的晶闸管数大于等于 4，后台报“VBO 动作冗余丢失”。

（3）VBO 动作超限：在 1.28 s 内，如果一个单阀（或一个组件）内产生 5 个及以上的晶闸管 VBO 动作，报“VBO 动作超限”。

2. VBO 异常动作原因分析

VBO 异常动作报警，通常由一次均压回路异常导致晶闸管所承受的电压不均所致。一次均压回路异常通常会导致晶闸管 VBO 保护连续动作。

3. 阀 9 晶闸管 07、08 的 VBO 动作分析

现场发现阀 9 模块 01 组件 B 晶闸管 07、08 的触发线（阴极线之间）有灼伤痕迹，结合 2015 年 10 月 16 日第一次事件记录频繁报晶闸管 07、08 的 VBO 动作产生/消失，晶闸管 09、10、11、12 的次数相对较少，分析认为应是两级晶闸管阴极线之间的放电过程导致上述现象。

4. 晶闸管 08 在 VBO 动作后一直未复归

阀组件部分的结构如图 2-9 所示。检查确认，08 级晶闸管的门极板触发功能发生故障，VBO 动作触发回路功能正常。分析认为，可能是在第一次出现阴极线放电时，有较大电气应力由触发线传入门极板中，导致触发功能模块故障，同时因为门极板储能回路工作正常，因此一直未报出门极充电故障。

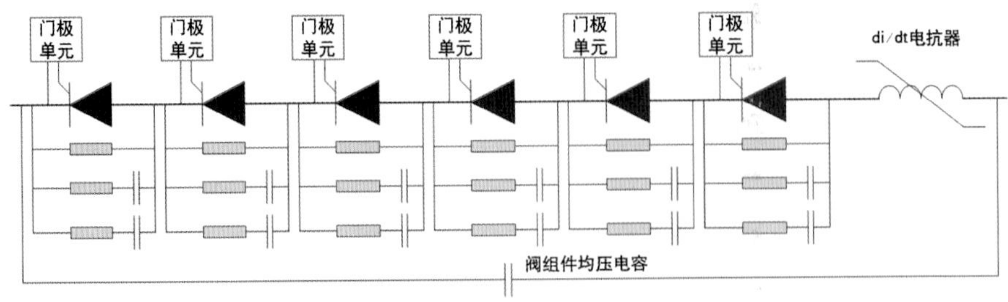

图 2-9 阀组件部分的结构

5.晶闸管 09、10、11、12 报 VBO 复归原因分析

分析认为，当 07、08 级晶闸管阴极线放电时，对应的晶闸管门极会窜入感应电流，导致这两级晶闸管在关断区间内导通，进而导致 07、08 级晶闸管所承受的电压分配到此组件剩余的晶闸管两端，此时组件内的其他晶闸管会出现过压现象，达到定值，触发 VBO 动作。

（二）暴露的问题

换流阀晶闸管回路之间放电，可能会导致相邻两级晶闸管所承受的电压分配到此组件剩余的晶闸管两端，组件内其他晶闸管会出现过压现象，达到定值，触发 VBO 动作。

（三）防范措施

（1）运行人员应加强对阀塔的监视。阀厅内应熄灯，进行红外测温检查。

（2）VBO 动作用于保护晶闸管，若报警能复归，则不需要申请停电。运行人员应加强监视后台报文，若单阀出现 3 个门极充电故障或晶闸管故障，必须立即申请停运。

（3）联系中电普瑞电力工程有限公司进行仿真验证和试验，分析本次故障，得出最终故障原因，给予书面回复。

四、事件照片

故障发生情况和检修人员的试验处理情况分别如图 2-6、图 2-10 所示。

图 2-10　对故障组件 B 进行 VTE 试验

第三章 换流变压器

第一节 某±660 kV 直流换流站极Ⅱ021B换流变A相分接头同步失败事件检查情况

一、事件概述

2014年4月10日19:16,某±660 kV直流换流站在进行功率升降的过程中,当双极功率由4000 MW降至3585 MW时,事件记录报“极Ⅱ Y/Y换流变A相分接头失电”“极Ⅱ换流变分接头同步失败”“极Ⅱ Y/Y换流变A相分接头操作失败”告警。现场检查发现,021换流变A相分接开关电源空气开关跳闸,该相换流变挡位介于27～28挡之间,其他相为27挡。

运维人员立即申请暂停功率升降操作,并将极Ⅱ 02B换流变各相分接头均打至就地控制方式。

故障前的系统运行方式如下:

(1)银东直流系统以双极大地回线方式运行,输送功率3585 MW,运行正常。

(2)500 kV ＃1、＃2母线运行正常,东崂Ⅰ、Ⅱ线,东琅Ⅰ、Ⅱ线,东泽Ⅰ、Ⅱ线运行正常。

(3)三大组交流滤波器运行正常。

故障后系统运行方式无变化。

二、设备情况

换流变压器分接开关为瑞典ABB公司生产,型号为UCLRE 380/900/111S,电动驱动装置型号为BUE2,从2010年10月25日正式投运至今,没有发生其他异常情况。

三、检查情况

根据生直流〔2011〕6 号文件《关于印发换流变有载分接开关运行异常现场处理方法的通知》的要求，现场人员开展了以下检查工作：

（一）运检人员现场检查情况

现场检查发现，换流变分接头挡位在 28～27 挡之间，接近 27 挡，电机电源 Q1 空气开关跳闸。有载分接开关传动机构无明显变形，传动杆没有发生脱口。

试合 Q1 后电机无法运转，并再次跳开。

（二）二次回路检查情况

现场检查发现，升挡接触器 K2、降挡接触器 K3 均已复位，时间继电器正确动作。控制系统及 DFU410 测控装置无换流变分接头升降挡命令发出，控制系统及测控装置无异常。

现场检查发现，有载分接开关操作电机三相内阻均为 59.2 Ω，三相平衡，未发现相间短路情况。

现场试合电机电源小开关 Q1，电机堵转，用钳形电流表测量电机三相负荷电流，均为 4.1 A，未发现缺相，K1、K3 继电器励磁，延时 150 s（K6 延时继电器定值）后 Q1 再次跳开。期间检查换流变分接头控制回路中的带电回路，回路中部分接点导通情况如表 3-1 所示：

表 3-1　换流变分接头控制回路分接点导通情况

接点情况	接点导通情况
S11：1～2	闭合
S11：3～4	断开
S12：1～2	闭合
S12：5～6	闭合
S12：9～10	闭合

换流变有载分接开关行程接点分合位置如图 3-1 所示。根据接点状态判断，该相有载分接开关旋转位置在 17～21 圈之间（旋转 25 圈为一挡位），分接开关没有旋转到位。

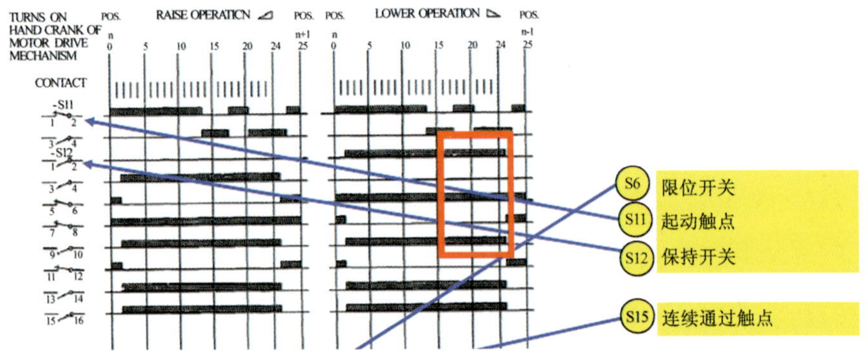

图 3-1　分接开关行程接点分合位置

后台显示，021B 换流变 B、C 相分接头已至 27 挡，A 相分接头为 27 挡(R)，A 相分接头没有到位。

(三)机械装置检查情况

现场对比 021B 换流变 A、B、C 三相有载分接开关传动轴，未发现异常。

原因分析：初步怀疑为一次传动机构卡死，导致分接头动作无法降挡。

四、处理措施

(1)建议保持当前功率值，暂不进行功率升降。

(2)若必须进行功率升降工作，则建议将极Ⅱ功率控制方式切换至单极功率控制模式，极Ⅰ可以采用双极手动功率控制模式或者单极功率控制模式。

(3)现场保持 021B A 相换流变分接开关电机电源空气开关断开位置，分接头控制方式在现场机构箱切至“0”。

(4)安排运维人员对该相换流变加强监视，发现其他异常情况立即汇报。

(5)联系 ABB 厂家到站继续进行检查处理。

第二节　装置 YY 阀侧 C 相差流越限告警处理报告

一、事件概述

2014 年 9 月 22～28 日，某±660 kV 直流换流站极Ⅰ故障录波器 2 多次因极Ⅰ星变阀侧尾端 CT 突变量启动，启动时刻该 CT 第二线圈 C 相波形畸变，且多次导致 01B 换流变保护 2 报“星变阀侧差流越限告警”。

二、现场检查及处理情况

（一）一、二次设备检查情况

现场对发生畸变的极Ⅰ YY-C 相换流变及阀厅进行全面巡视，对相关一次设备进行红外测温，未发现异常。

对极Ⅰ YY-C 相阀侧绕组 b 套管（尾端）CT 回路所有接线端子进行红外测温，未见异常；检查回路电缆，未见明显破损点或其他异常。

（二）保护、录波检查

现场检查 01B 换流变保护屏 2-F302 装置，报告显示“星变阀侧绕组差流越限报警”，保护启动；检查对应故障录波，显示 C 相阀侧尾端电流有明显畸变，如图 3-2 所示：

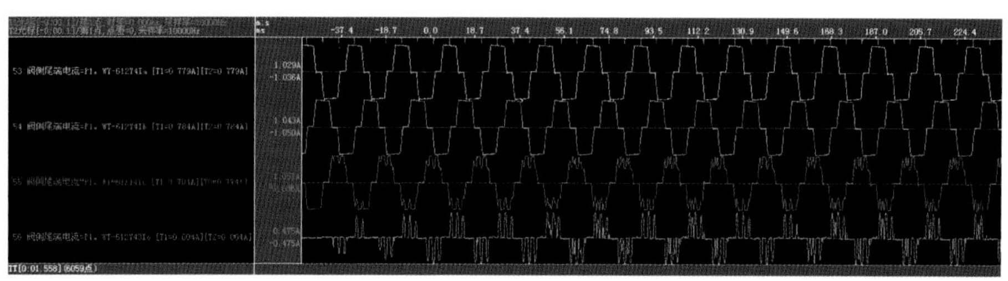

图 3-2　故障时刻极Ⅰ阀侧尾端 CT 录波波形

电流畸变过程中，阀侧绕组首尾端电流差值达到差流越限报警定值。差流越限取阀侧首、尾端电流，当电流差值达到比率差动最小动作值的一半时，延时 5 s 报差流越限告警。

故障录波的突变量启动值小于差流越限定值，且差流越限告警有 5 s 延时，因此，极Ⅰ YY-C 相阀侧绕组尾端 CT 突变量启动，但是保护装置无差流越限告警。另外，检查该 CT 的其他线圈接入的装置（极Ⅰ换流变保护屏 A、极Ⅰ极控系统屏 A、极Ⅰ极控系统屏 B），均无异常。

通过对 9 月 22～28 日故障录波记录波形畸变次数的统计，发现该异常出现频次有逐步加大的趋势，且电流畸变有效值跌落幅度也有加大的趋势。

（三）极Ⅰ YY-C 相换流变本体油化试验

对极Ⅰ YY-C 相换流变套管及本体进行红外测温，未见异常。对极Ⅰ YY-C 相变压器做油样分析，进行辅助判断，油化试验结果如表 3-2 所示。

表 3-2 极Ⅰ YY-C 相变压器油化试验结果 单位:μL/L

	H_2	CO	CO_2	CH_4	C_2H_4	C_2H_6	C_2H_2	总烃
试验一	29.76	432.99	3095.61	13.72	1.11	1.94	0.22	16.99
试验二	30.27	451.14	3124.47	13.58	1.10	1.87	0.21	16.76
试验三	30.49	469.18	3349.23	14.01	1.19	1.96	0.20	17.37
上次数据	28.90	403.02	2716.56	13.27	1.20	3.50	0.19	18.17
注意值	150	—	—	—	—	—	1	150

数据显示,H_2、C_2H_2、总烃的数值远低于规程中规定的注意值,且与上次数据对比变化不大,因此基本排除 YY-C 相换流变本体发生故障的可能。

(四)故障情况分析及二次回路检查

1.故障情况分析

极Ⅰ YY 换流变阀侧 b 套管(尾端)至极Ⅰ换流变保护屏 B,CT 二次回路图如图 3-3 所示。

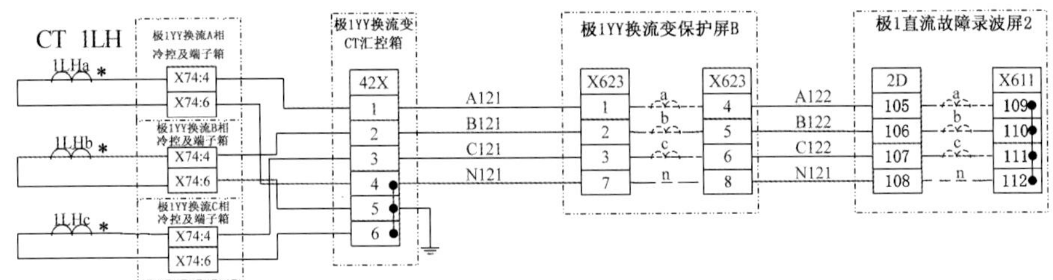

图 3-3 01B 换流变保护 2 阀侧尾端绕组 CT 回路图

根据故障波形,故障位置可能为:

(1)换流变保护装置、故障录波器电流采样插件及屏内 CT 回路。

(2)冷却器控制柜至保护屏间长电缆、屏间短电缆发生破损、端子虚接等异常。

(3)冷却器控制柜至 YY-C 相换流变 b 套管间 CT 二次回路或者 b 套管的第二个绕组本体故障。

2.检查处理过程

(1)绝缘检查未见异常:退出极Ⅰ换流变保护 2,在极Ⅰ YY-A、B、C 相换流变冷却器汇控柜内分别将极Ⅰ YY 换流变阀侧绕组 b 套管(尾端)CT 短接并接地,划开 CT 连片,用 500 V 绝缘摇表检查冷却器汇控柜至保护屏之间的二次回路绝缘电阻,记录如表 3-3 所示。

表 3-3　　冷却器汇控柜至保护屏之间的二次回路绝缘电阻

序号	检查位置	绝缘电阻
1	极Ⅰ YY-A 相 CT 端子箱至故障录波屏段	608 MΩ
2	极Ⅰ YY-B 相 CT 端子箱至故障录波屏段	713 MΩ
3	极Ⅰ YY-C 相 CT 端子箱至故障录波屏段	765 MΩ
4	N 端 CT 端子箱至故障录波屏段	724 MΩ
5	极Ⅰ YY-A 相 CT 端子箱至保护屏 2 段	814 MΩ
6	极Ⅰ YY-B 相 CT 端子箱至保护屏 2 段	725 MΩ
7	极Ⅰ YY-C 相 CT 端子箱至保护屏 2 段	823 MΩ
8	N 端 CT 端子箱至保护屏 2 段	789 MΩ
9	换流变冷控柜至 CT 端子箱段	无穷大

(2)直流电阻测量未见异常:测量冷控柜端子箱至故障录波 CT 回路的直流电阻值,记录的检查结果如表 3-4 所示。

表 3-4　　冷控柜端子箱至故障录波 CT 回路直流电阻值

相线	直流电阻值
A 相	1.62 Ω
B 相	1.58 Ω
C 相	1.60 Ω

直阻检查结果为三相平衡。

(3)二次回路注流:装置采样板卡故障与否不确定。通过检查,可以基本排除 CT 端子箱至保护屏及故障录波装置间二次回路故障的可能,在保护屏内侧向装置 2 注流,检查装置采样、模拟量处理等板卡功能。由于差流越限偶尔报出,在注流的过程中,YY-C 相阀侧尾端套管 CT 电流波形并未发生畸变。波形图如图 3-4 所示。

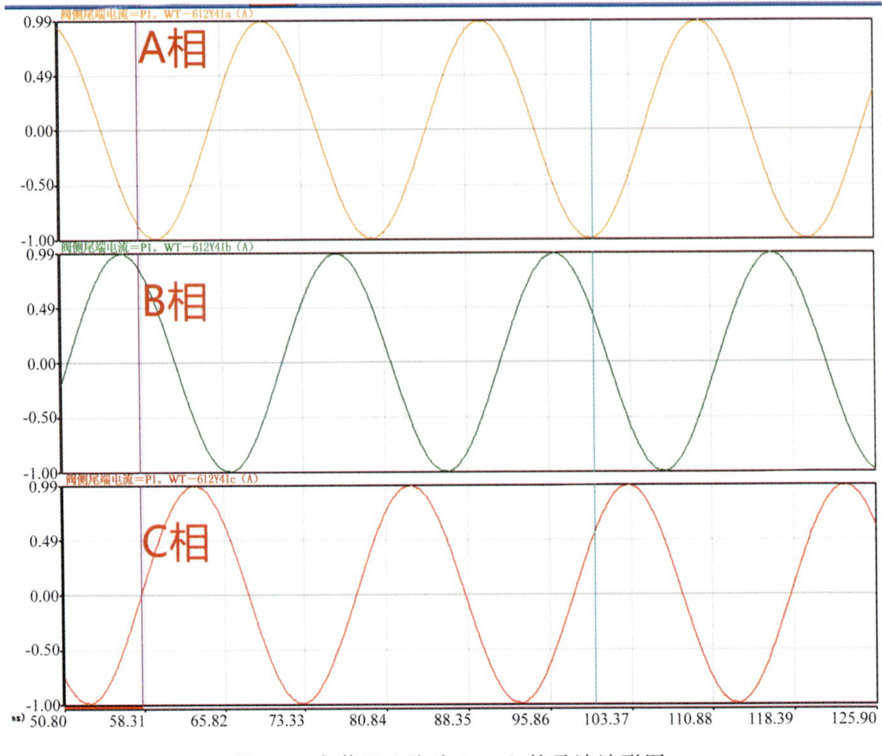

图 3-4　向装置 2 注流 0.7 A 的录波波形图

(4)极Ⅰ换流变保护屏 B 装置 2 插件更换：经过在现场与保护装置厂家工作人员的讨论，决定对装置 2 采样板卡进行更换，继续观察故障恢复情况。

9 月 24 日晚，对装置 2 的 D02 交流采样板卡进行了更换。9 月 25 日 5:59，OWS 再次报出"极Ⅰ故障录波启动"信号，发现 YY-C 相阀侧尾端套管 CT 电流波形发生了畸变。

(5)排除在线故障录波器故障的可能性：在中元故障录波器屏内将"YY 阀侧尾端 CT"短接，用外接故障录波器在换流变保护屏 2 进行监视，9 月 25 日 6:59，仍然抓录到突变量启动故障波形。由此，排除在线故障录波器元件故障，导致电流回路波形畸变的可能。

(6)CT 端子箱至换流变套管间回路监视：由于极Ⅰ直流系统运行，换流变套管 CT 二次回路严禁开路，无法对换流变冷却器控制柜至阀侧 b 套管之间的二次回路进行绝缘检查和直流电阻检测。9 月 28 日，通过外接故障录波器与钳形电流表辅助测量电流变化的方式，对 CT 端子箱至换流变套管间回路电流进行了监视，发现多次出现 C 相电流跌落。

三、原因分析

通过对二次回路进行全面检查，判断造成极Ⅰ YY-C 阀侧 b 套管 CT 电流波形畸变的故障位置是换流变冷却器控制柜至阀侧 b 套管之间的二次回路、接线盒（见图 3-5）或者 b 套管本体 CT。因换流变冷却器控制柜至阀侧 b 套管之间的二次回路需极Ⅰ直流系统停电才能进行检查，暂无法确定具体故障位置。

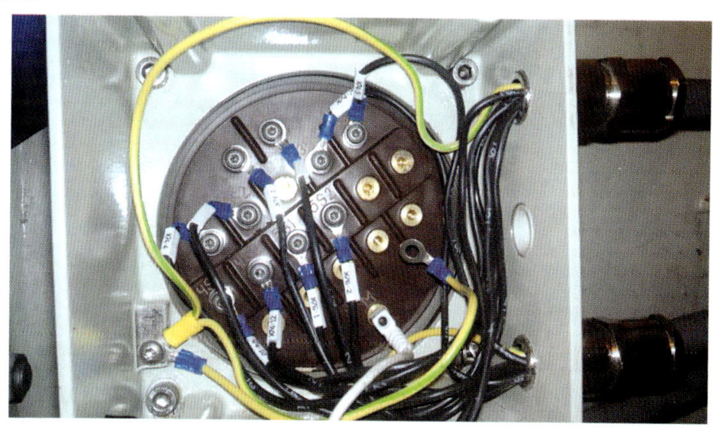

图 3-5　某±660 kV 直流换流站换流变阀侧尾端绕组 CT 接线盒

四、后续处理措施及建议

针对“C 相尾端 CT 电流畸变”异常，建议公司组织相关的一次、二次设备专家对故障情况进行分析，做好停电检查处理的工作准备。

第四章　阀水冷系统

第一节　极Ⅱ M12 风机声音异常检查处理

一、事件概述

2012 年 9 月 12 日 9:30，运行人员正常巡检时发现极Ⅱ M12 风机声音异常，发出尖锐的磨损声。随后，检修人员到现场进行检查，确认 M12 风机的电机及风机轴承均有异响，对其进行更换后，运行恢复正常。

二、缺陷检查及处理情况

（一）用红外测温仪进行红外测温

发现异响后，检修人员立即对极Ⅱ M12 风机的电机及轴承进行红外测温，发现该风机的轴承温度比其他风机的轴承温度高 2～3 ℃，属于正常状态。

（二）通过冷却塔观察窗观察风机旋转情况

由检修梯登上冷却塔，通过冷却塔的观察窗观察风机的电机与风机联轴的旋转情况，发现皮带存在略微抖动的现象，风机电机的转轮也有抖动现象。检查风机轴承，发现有润滑油渗出，呈黑色黏稠状（正常为黄色）。初步判断为轴承受磨损后导致转轴不平衡，故发生抖动。

（三）由风机电机及轴承发出的声音判断

带皮带对风机电机及风机轴承的声音进行判断，初步确定轴承磨损情况；然后拆下皮带，让风机电机进行空转，再次进行判断，确定风机电机空转时是否也存在严重异响。检查发现，风机电机及轴承均存在异响，因此需要同时进行更换。

（四）更换风机电机及风机轴承的流程

做好相应安排后，开始对风机电机及轴承进行更换，过程如下：

（1）打开风机电机接线盒，记录好线号，松开接线，将接线线头用绝缘胶带包好。

（2）打开冷却塔风机上端的网罩，固定好环链起吊装置（最好是 3 m 长的），如图 4-1 所示。

图 4-1　打开冷却塔风机上端的网罩，固定好环链起吊装置

（3）在冷却塔上将风机顶部的螺栓拆掉，按上锁环，挂在环链起吊装置上，如图 4-2 所示。

图 4-2　给风机按上锁环，挂在环链起吊装置上

（4）拆下风机电机侧壁的四个固定螺栓，松动电机，然后将电机拆下，如图 4-3 所示。

图 4-3　拆下电机

(5)拆掉旧电机的转盘。先松开转盘上部的固定螺栓,然后往下敲下转盘,用螺丝刀撑开转轴固定法兰,重新调整固定法兰的键子,向上敲出即可,如图 4-4 所示。

图 4-4　拆掉旧电机的转盘

(6)记录好新旧风机的型号和序列号后,对新风机的绝缘电阻进行测试,要求至少大于 10 MΩ(一般新电机的绝缘电阻为无穷大)。一切合格后,按照相反的步骤对新电机进行回装。

(7)更换风机轴承。根据现场情况,用水平仪进行高度调整,保证风机电机及风机轴承在同一水平线上,保证皮带安装后不会出现偏差。

(8)回装完成后,合闸对电机空转情况进行检查,确认无异常后带上皮带,进行试转检查。若均无异常,则用润滑油对新轴承进行密封,防止再次进水锈蚀。

三、原因分析

某±660 kV 直流换流站正式投运一段时间后，屡次发现电机的绝缘强度降低及风机轴承异响问题，电机运行一直存在一定的风险性。

经分析，其原因是闭式冷却塔一般在中国南方水力比较丰富的地区使用，在北方目前只有某±660 kV 直流换流站使用。南方地区室外环境温度一般较高，昼夜温差小，电机凝露的可能性低；而在北方，室外环境温度低且极易低于零度，昼夜温差非常大。闭式冷却塔运行时，由于喷淋水的不断蒸发，在冷却塔内部会形成大量的水汽，形成湿热环境。电机置于冷却塔内部，接线盒和线圈内极易产生凝露，形成水珠，这样不仅会使电机的绝缘强度降低，而且容易使风机轴承进水，导致轴承内滚珠生锈受损。

因此，必须对某±660 kV 直流换流站的冷却塔进行改造，将风机电机移到冷却塔外，彻底解决风机电机的运行环境问题，以保证风机电机及轴承的可靠运行。现已对某±660 kV 直流换流站冷却塔进行技术改革。

四、处置措施

处置措施如下：

(1)每周对风机电机及轴承进行红外测温，检查风机的运行情况。

(2)每周对风机皮带进行检查，一经发现有皮带抖动、脱落情况，即及时进行调整。

(3)如逢停电，则在期间对风机绝缘电阻进行检查，及时掌握风机使用情况，以方便状态检修。

(4)按时对风机轴承进行维护。正常情况下，应在每年 3 月、6 月、9 月、12 月的 15 日对风机轴承进行在线注油，根据直流系统的负荷情况及风机的运转情况适当调整风机轴承的注油时间，将轴承内部的老润滑油挤出来，以延长轴承的使用寿命。

第二节　极Ⅱ系统阀外水冷系统进阀温度信号异常的分析及处理

一、事件概述

2012 年 10 月 26 日下午，极Ⅱ阀外水冷系统采集到的进阀温度信号出现异常，频繁出现“进阀温度高”“进阀温度超高”“进阀温度传感器超差”“进阀温度传感器 1 故障”“进阀温度传感器 2 故障”“冷却能力丢失”等告警信号，告警信号发出后不到 1 s，报警复归。

通过现场检查分析确定，出现该情况的主要原因是进阀温度信号受到扰动。对阀外水冷系统模拟量输入模块进行改线后，系统恢复正常运行。

二、原因分析

阀外水冷系统进阀温度信号由阀内水冷系统提供，阀内水冷系统有 TT01、TT02、TT03 三台进阀温度传感器。这三台传感器实时采集三路 4～20 mA（对应量程是－50～100 ℃）的电流信号送到模拟量输入模块，进而送到阀内水冷系统的 CPU A、CPU B 进行分析。分析完后，阀内水冷系统通过硬接点连线与阀外水冷系统通信，将阀内水冷系统 CPU A、CPU B 的模拟量分别输出，经二极管端子耦合后，分别发给阀外水冷系统的 CPU A、CPU B 两路 4～20 mA（对应量程是－20～80 ℃）的电流信号，阀外水冷系统再对信号进行系统分析。

阀外水冷系统采集阀内水冷系统的进阀温度信号，主要有两个作用：

（1）启停喷淋泵（当进阀温度高于 16 ℃时，启动喷淋泵；当进阀温度低于 15 ℃时，停止喷淋泵）。

（2）启停冷却塔风机（当进阀温度高于 36 ℃时，延时 30 s 启动冷却塔风机；当进阀温度低于 34 ℃时，延时 3 min 停止冷却塔风机）。

当阀外水冷系统输出的两路进阀温度信号同时出现异常时，每个冷却塔都会有一台喷淋泵强制启动运行，冷却塔风机全部强制以 50 Hz 工频运行，同时阀外水冷系统会报出“进阀温度传感器 1 故障”“进阀温度传感器 2 故障”“冷却能力丢失”等故障信号。

本次发生频繁告警的主要原因是阀水冷系统 PLC（可编程逻辑控制器）输入/输出模块 M 端运行方式不一致。

参考西门子公司关于模拟量模块接线的官方资料，对于此次故障，可得出如下结论：

（1）模拟量输入/输出模块都有传感器信号的“－”端与 DC 24 V－端作等电位连接的要求。

（2）为取得良好的抗干扰效果，可只在其中一端作等电位连接。因此，对模拟量输入模块，如进阀温度（模拟量输出模块给出的信号可视作四线制传感器）的“－”端，应与模拟量模块的 10、11 端子和 DC 24 V－的端子短接，作等电位连接。

因某±660 kV 直流换流站的阀内水冷与阀外水冷系统设备由两个不同厂家供货，设备在安装上存在不一致性。提供阀内水冷系统设备的高澜公司将模拟量输出模块的传感器信号的“－”端与 DC 24 V－端作等电位连接并且接地；而提供阀外水冷系统设备的许继晶锐公司未将模拟量输入模块的传感器信号的“－”端与DC 24 V－端作等电位连接。因此，两个系统之间的信号存在电位差，当有扰动的时候，模拟量输入信号会出现较大变化，造成告警。

从2012年4月阀水冷系统实行技术改革后，阀外水冷系统输入模块就以这种接线方式运行，但到10月才发出告警，初步分析是由于PLC设备老化，导致其自身的滤波抗干扰能力下降，当受到外部干扰时，数据很容易发生变化。

三、分析及处理过程

（一）原因分析

根据对进阀温度信号的采集、处理及传送回路进行的分析，产生此故障的可能原因有以下6种：

1. 阀内水冷系统进阀温度变送器故障

报警只在阀外水冷系统发生，阀内水冷系统的运行监视及操作面板显示的进阀温度值稳定正常，无进阀温度的相关报警；检查冗余仪表上的3个进阀温度变送器示值，发现3个温度示值相近，且在现场用钳形电流表对表计输入端进行检查后未发现异常，可排除阀内水冷系统进阀温度变送器本体发生故障的可能性。

2. 阀内水冷系统软件逻辑错误

由于报警只在极Ⅱ阀外水冷系统出现，极Ⅰ阀内各系统正常，阀内水冷系统进阀温度信号前段时期一直正常稳定；阀内水冷系统的两极软件逻辑完全一致，极Ⅰ阀内水冷系统运行正常，可排除阀内水冷系统软件逻辑出现错误的可能性。

3. 阀内水冷系统模拟量输出传送回路故障

阀内水冷系统模拟量输出回路包括：站A模拟量输出模块、站B模拟量输出模块、站A进阀温度输出二极管耦合接线端子、站B进阀温度输出二极管耦合接线端子及相关接线。此次报警事件中，阀内水冷系统模拟量输出传送回路出现故障的可能性最大，因此在现场对其进行了重点排查。

检查中发现，站A模拟量输出模块、站B模拟量输出模块对应的故障指示灯未亮。分别检查阀内、阀外水冷系统的进阀温度示值，数值相近，说明模拟量信号通信正常。另外，信号端子紧固，无松动现象；检查表计采样信号与输出信号相差无几，电流均为4～20 mA；用钳形电流表采集的电流信号折算成的温度也正常，且阀内水冷系统无任何告警事件。因此，可以断定阀内水冷系统无异常，可排除阀内水冷系统模拟量输出回路发生故障的可能性。

4.阀外水冷系统模拟量输入采集回路故障

在阀外水冷系统发生告警的过程中，检查阀内水冷系统送给阀外水冷系统的两路信号，结果正常。另外，信号端子紧固，无松动现象；检查模拟量输入信号与阀内水冷系统的测量结果，电流均为4～20 mA；用钳形电流表采集的电流信号折算成的温度正常。因此，可排除阀外水冷系统模拟量输入采集回路发生故障的可能性。

5.阀外水冷系统软件逻辑错误

此报警只在极Ⅱ阀外水冷系统出现。极Ⅰ的阀外水冷系统正常，阀外水冷系统进阀温度信号前段时期一直正常稳定，两极软件逻辑完全一致，运行正常，可排除阀外水冷系统发生软件逻辑错误的可能性。

6.阀外水冷系统外部通信信号电缆受干扰

用万用表检查阀外水冷系统的SM331模拟量输入模块的M端，发现有一定的电位差，由此判定故障可能是由阀水冷系统的输入、输出模块的“M”接线方式容易受干扰所致。

（二）故障判断

阀外水冷系统控制单元柜的端子X55:21为DC24V－端子，把它与PE相连，并且将X55:2、X55:3、X55:27、X55:28与X55:21短接，形成等电位，就能改善进阀温度信号受干扰的问题。

（三）危险点分析

（1）短接前应根据图纸对端子进行确认。

（2）应确认端子与PE间无明显的DC 1 V以上的电压差。

（3）短接后，应确认各个模拟量参数无异常变化。

四、应急处理预案及处理措施

（一）现场应急方法

当阀外水冷系统报出“进阀温度高”“进阀温度超高”“进阀温度传感器故障”信号时，运行人员应立即检查阀水冷系统的进阀温度值，检查风机运行情况，检查阀内水冷系统的温度是否下降迅速。若阀内水冷系统的进阀温度下降迅速，则检查阀内水冷系统的氮气稳压系统是否频繁补气，并将每台冷却塔内的风机的运行频率进行适当调整，以阻止水冷系统进阀温度下降太快。

（二）风机就地紧急操作具体流程

点击变频器控制面板上的(LOC REM)按钮，选择就地控制；就地指示灯亮后，通过(▲)键或(▼)键来调节频率;设定好频率后(此时一般选择最低频率30 HZ),点击(RUN)按钮,启动风机。

根据故障信号,检修人员可判断是否出现了扰动信号,或是确实存在故障。根据图纸,用钳形电流表检查进阀温度计的输入信号是否正常,检查接线端子是否紧固。检修人员在进行检查的过程中一定要注意:应对阀内水冷系统的CPU A、CPU B依次分别检查,不可同时检查。对CPU A进行检查的过程中,应保持CPU B运行;同样,对CPU B进行检查的过程中,应保持CPU A运行,以防止双系统输出同时中断。

(三)处理措施

(1)检查极Ⅰ系统的阀外水冷系统时不存在类似现象。极Ⅰ系统模拟量输入模块的信号采集线通过其他端子将"－"端与"M"端连接,形成同电位。

(2)排查阀水冷系统的交叉信号,厘清信号来源及作用。

(3)确认西门子PLC的输入、输出模块的使用寿命,厘清工作原理。

(4)在2013年进行的大修期间,申请对PLC回路做抗干扰试验,检查抗干扰性能是否合格。

(5)做好现场应急措施,加强设备故障演练,保证应急操作的可行性。

第三节　某±660 kV直流换流站极Ⅱ阀内水冷系统PLC站B故障检查处理

2016年1月29日15:07,某±660 kV直流换流站的监控后台接收到"极Ⅱ阀内冷控制屏1成组预警""极Ⅱ阀内冷控制屏2成组预警""极Ⅱ阀内冷PLC站B故障"信息。现场检查发现,极Ⅱ阀内水冷系统的CPU A运行,CPU B停止运行,且告警指示灯IFM2F为红色(即为"同步通信模块接口2"故障),属于严重故障。某±660 kV直流换流站运检人员经过充分的分析、讨论及验证后,将极Ⅱ阀内水冷系统CPU B的控制开关打至"STOP"位置,对CPU B、CPU A的接口2同步通信模块逐一进行在线更换,断开CPU B的电源并重新上电,再将CPU B的控制开关打至"RUN"位置,此时PLC站B故障消除,极Ⅱ阀内水冷系统恢复正常。

一、事件概述

故障前，直流系统、交流系统及站用电系统运行正常，极Ⅱ阀内水冷系统 PLC 站 A 为主系统，PLC 站 B 为从系统。

2016 年 1 月 29 日 15:07，监控后台收到“极Ⅱ阀内冷控制屏 1 成组预警”“极Ⅱ阀内冷控制屏 2 成组预警”“极Ⅱ阀内冷 PLC 站 B 故障”信息。

现场检查极Ⅱ阀水冷系统的主循环泵、水处理系统等设备的一次运行，情况正常；现场及监控后台接收到的极Ⅱ阀水冷系统运行参数正常，换流阀运行正常。

检查极Ⅱ阀内水冷系统控制屏 A 显示的 CPU A 的单系统运行情况：运行监视及操作面板上有报警信息，显示 PLC 站 B 故障，阀水冷系统运行数据正常。

检查极Ⅱ阀内水冷系统控制屏显示的 CPU B 的单系统运行情况：运行指示灯灭，当前状态为“STOP”，且“EXTF”（外部故障）、“IFM2F”（同步通信模块接口 2 故障）、“REDF”（冗余丢失）灯亮，如图 4-5 所示（图 4-6 为正常备用状态）。由于 CPU B 停止运行，所以运行监视及操作面板上的数据为假数据，包括：进阀流量、出阀流量均为 0，“进阀流量低”“出阀流量低”“主循环泵出水流量低”等报警。

图 4-5　故障时的 CPU B 指示灯情况

图 4-6　正常的从 CPU 指示灯情况

二、故障原因初步分析及故障处理过程

（一）故障原因初步分析

当出现“极Ⅱ阀内冷 PLC 站 B 故障”报警信息时，即可断定 CPU B 停止运行，极Ⅱ阀内水冷系统 CPU 冗余丢失。根据故障时 CPU B 面板指示灯的状态，可初步判断是 CPU B 的“IFM2F”灯亮红色导致 CPU B 转入“STOP”状态，即最终故障原因为 CPU A 或者 CPU B 的同步通信模块接口 2 故障。

图 4-7 是阀内水冷系统 CPU 冗余配置连接图。CPU A 与 CPU B 采用热备用模式的主动冗余原理，发生故障时可无扰动地自动切换，正常工作的 CPU 能独立完成系统的控制、保护运算。

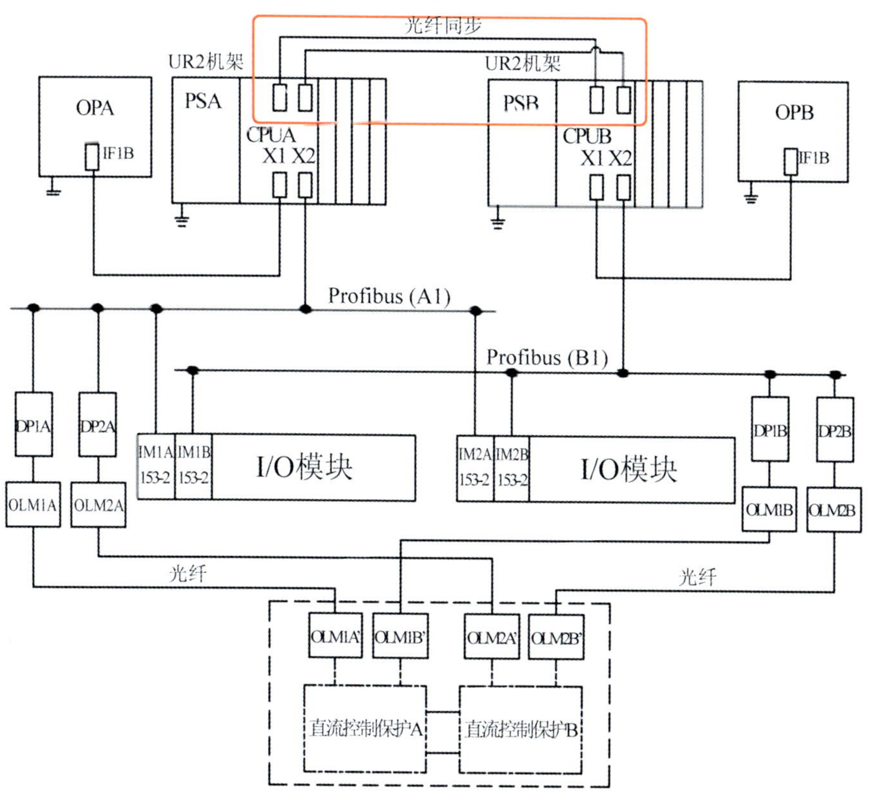

图 4-7　阀内水冷系统 CPU 冗余配置连接图

设备正常运行时，CPU A 与 CPU B 之间通过两对同步光纤连接，经同步通信模块（图 4-7 中红框标注）进行数据传输。主用 CPU 对阀内水冷系统进行控制及保护，采集现场数据信息并进行处理分析，然后将分析数据在现场的运行监视及操作面板及监控后台上显示，同时将处理分析的结果通过同步通信模块同步至从用 CPU（正常情况下，双系统设备的 OP 控制面板及

监控后台上显示的均为主用 CPU 处理分析的数据及报警信息）。同步通信模块在 CPU 上的位置以及备件如图 4-8、图 4-9 所示。

如果 CPU 的同步通信模块出现故障，使处于主用状态的 CPU A 无法将信息同步给 CPU B，CPU B 经过一段时间的自检后即判断为出现外部故障，最终由“RUN”状态变为“STOP”状态。CPU B 停止运行后，系统组网的 IM1B、IM2B 模块故障灯闪烁。同时，由于无法从现场采集信息，导致 CPU B 内数据不准，现场 OP B 控制面板上显示的流量等数据为错误值，满足报警逻辑，即在现场的运行监视及操作面板上出现虚假报警。

图 4-8　CPU 上同步通信模块 2 的位置

图 4-9　CPU 同步模块备件

（二）处理过程

为解决 CPU 之间的同步通信故障问题，某±660 kV 直流换流站现场带电更换了 CPU B、CPU A 上的同步通信模块 2。

1. 危险点分析

为防止 CPU B 内部程序错误，在同步通信问题消除后，CPU B 自动判定自身为主用，与 CPU A 争抢而引起原主用的 CPU A 停用，最终导致双 PLC 系统停用，闭锁极Ⅱ直流系统。工作前，必须将 CPU B 的控制开关打至“STOP”处（见图 4-10）。同时，为了防止重启过程中 CPU A 异常，出现拒动现象，保护出口压板（AP5 柜的 XT3、XT4，AP6 柜的 XT3）不应退出。

图 4-10 工作前必须将 CPU B 的控制开关打至“STOP”处

2. 处理步骤

(1)检查 CPU A、CPU B 的固件版本、硬件版本及序列号并记录，检查各个同步通信模块型号及序列号并记录。

(2)将 CPU B 的控制开关由“RUN”打至“STOP”处，检查阀水冷系统 AP5 柜的 XT3、XT4，AP6 柜的 XT3 是否在投入状态，检查监控后台和运行监视及操作面板有无新告警事件，系统运行参数是否无异常。

(3)拔下同步光纤，逐一更换 CPU B、CPU A 上的同步通信模块，检查 CPU B 的面板指示灯“IFM2F”是否熄灭。正常时，光纤后恢复 CPU B、CPU A 的共 4 个同步模块的指示灯应全为绿色。

(4)若更换 CPU A、CPU B 的同步模板后故障仍存在，则将 CPU B 的控制开关保持在“STOP”位置，将 CPU B 的电源模板开关打至“O”，等待 10 s 之后将电源模板开关打至“I”。CPU B 恢复供电，进入自检状态。

(5)CPU B 进入自检状态之后，面板的“STOP”指示灯闪烁，等待 10 min 之后，“STOP”指示灯常亮，自检完成，进行下一步故障复位。观察 CPU B 的面板指示灯“STOP”的状态，若此时“STOP”灯闪烁，应先将其调整至常亮状态才可重新启动该 CPU。具体操作过程如下：将 CPU B 的控制开关拨至“MRES”位置并保持，待“STOP”指示灯闪烁两下之后变成常亮状态时，松开控制开关，然后再将控制开关拨至“MRES”位置，等待 5 s 后松开控制开关。

(6)此时 CPU A 、CPU B 的“IFM2F”灯应为熄灭状态，“EXTF”

"REDF"灯亮起;CPU A 的"MSTR"灯亮。核对完指示灯之后,再无其他指示灯亮或者闪烁,然后等待3 min,再进行下一步操作。

(7)检查同步光纤,确认安装牢固后,将 CPU B 的控制开关打至"RUN"。此时 CPU A 已将数据同步至 CPU B 内,CPU B 工作正常,运行监视及操作面板故障复归,极Ⅱ阀内水冷系统的控制屏 B 上运行灯亮,后台的"极Ⅱ阀内冷控制屏 1 成组预警""极Ⅱ阀内冷控制屏 2 成组预警""极Ⅱ阀内冷 PLC 站 B 故障"报警信号状态复归。

(8)完成 CPU B 的故障检修后,检查阀水冷系统的运行数据,数据正常,核对保护定值,亦正确。确认系统运行工况无异常后,清理现场。

三、后续处理措施及建议

(1)同步通信模块更换后,极Ⅱ阀内水冷系统 CPU B 工作正常,报警复归。为确保极Ⅱ阀内水冷系统运行正常,某±660 kV 直流换流站运检人员立即进入应急值班状态,加强监视,观察一天之内是否再次出现同类故障。

(2)将更换的 2 个同步通信模块及时发回位于广州的厂家(高澜公司)进行检测,检查是否存在故障。因站内目前无同步通信模块备件,要求高澜公司立即配备 2 个同步通信模块及同步光纤作为某±660 kV 直流换流站的现场备件。

(3)因某±660 kV 直流换流站阀内水冷系统设备的供货厂家高澜公司的产品曾出现过带电重启 CPU 导致直流闭锁的情况,建议安排相关设备负责人赴厂家,模拟本次故障情景,分析同步通信模块故障的原因及可能产生的后果。同时要求高澜公司提供某±660 kV 直流换流站各 PLC 元器件的使用寿命说明及具体在线更换方法的书面说明,必要时提供更换的视频文件。

(4)到 2016 年年度检修时,某±660 kV 直流换流站运检人员与高澜公司共同对某±660 kV 直流换流站阀内水冷系统 CPU 故障时的报警、指示灯指示情况及恢复情况进行模拟,并进行多次单系统重启试验、在线更换 PLC 元器件的操作验证。

第五章　直流场及交流滤波器

第一节　某±660 kV 直流换流站极Ⅰ直流断路器 0010 频繁打压故障分析处理

一、事件概述

（一）运行方式

某±660 kV 直流换流站直流系统双极大地 4000 MW 运行正常，三大组交流滤波器除 5622 并联电容器热备用外，其余均在运行状态正常，500 kV 交流场系统、站用电系统及阀水冷系统运行正常。

（二）事件记录

本次故障事件的告警信息记录如表 5-1 所示。

表 5-1　某±660 kV 直流换流站极Ⅰ直流断路器 0010 频繁打压故障事件告警记录

时间	主/从	事件报文
17:00:34:567	主 B	直流场 0010 开关油路系统故障——产生
17:00:34:567	从 A	直流场 0010 开关油路系统故障——产生
17:00:34:863	从 A	直流场 0010 开关油路系统故障——消失
17:00:55:863	主 B	直流场 0010 开关油路系统故障——消失

（三）故障描述

2013 年 4 月 9 日 17:00，事件记录报 0010 开关油路系统故障，20 s 后复归。现场检查发现，0010 开关液压机构的电机处于启动状态，油压达 370 bar(1 bar=100 kPa)时电机停止，2 min 后油压降至 360 bar，约3 min后又开始打压至 365 bar，然后停止，约 5 s 后，继续打压至 370 bar，然后停止，每次打压时间约 8 s。

二、现场检查情况

现场对断路器外观进行检查,未发现渗漏油现象。对断路器进行红外检测,亦未发现异常,如图 5-1 所示。检查油泵控制回路,发现 K15 延时继电器亮黄灯,一直处于励磁状态,如图 5-2 所示。

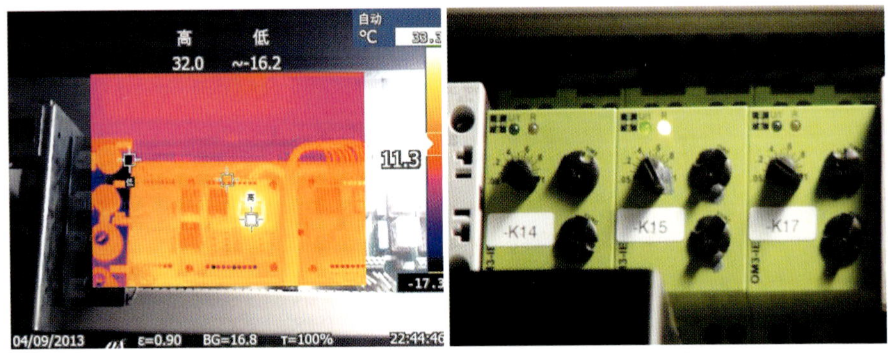

图 5-1　红外测温图　　　　图 5-2　K15 延时继电器

检查微动开关 B1 外观,无异常,红灯灭,绿灯常亮,如图 5-3 所示。在不同压力值下,对微动开关接点进行测量,测量情况如图 5-4 所示。

图 5-3　微动开关 B1 的外观

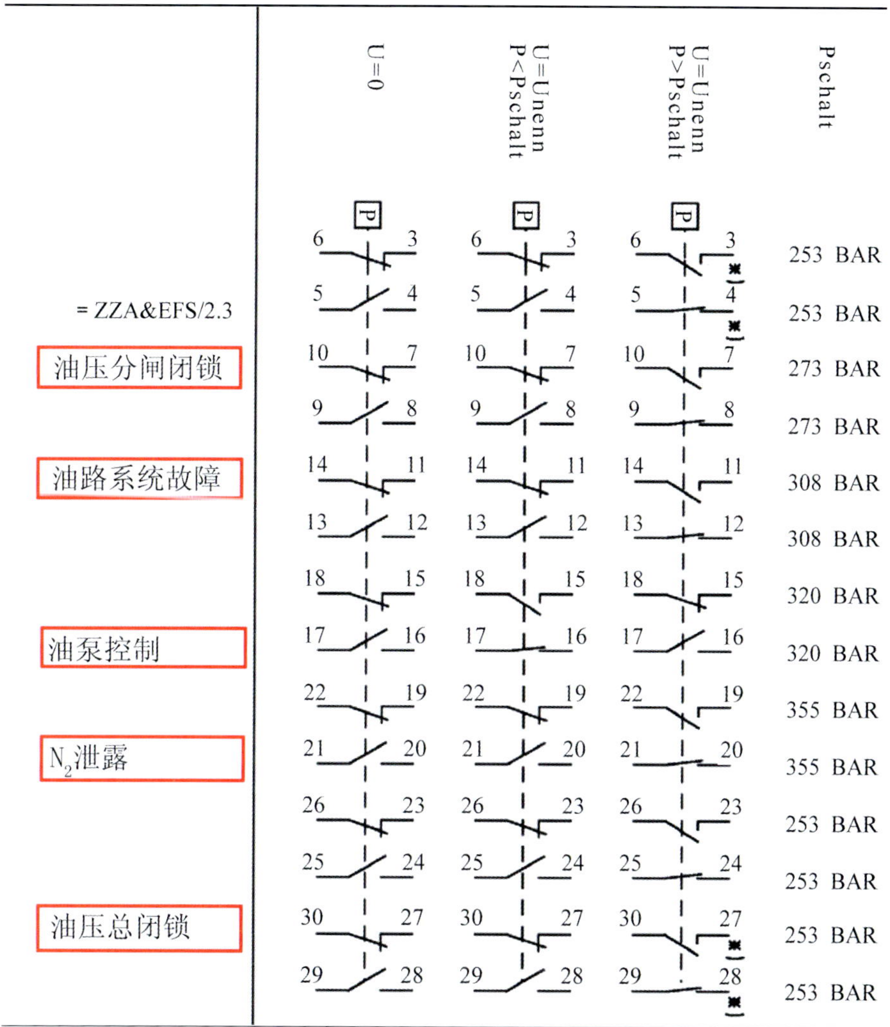

U=0　U=Unenn P<Pschalt　U=Unenn P>Pschalt　Pschalt

= ZZA&EFS/2.3

油压分闸闭锁

油路系统故障

油泵控制

N_2泄露

油压总闭锁

6　3　253 BAR
5　4　253 BAR
10　7　273 BAR
9　8　273 BAR
14　11　308 BAR
13　12　308 BAR
18　15　320 BAR
17　16　320 BAR
22　19　355 BAR
21　20　355 BAR
26　23　253 BAR
25　24　253 BAR
30　27　253 BAR
29　28　253 BAR

表计显示值		350 bar		332 bar
名　称	接点	现场状态	应处状态	现场状态
油压分闸闭锁	10—7	断开	断开	断开
油路系统故障	14—11	闭合	断开	闭合
油泵控制	17—16	闭合	断开	闭合
N_2 泄漏	21—20	断开	断开	断开
油压总闭锁	30—27	断开	断开	断开

图 5-4　微动开关 B1 接点测量

如图 5-4 所示，通过比较发现，用于控制油泵启动回路的接点 16—17、用于“油路系统故障”告警的接点 11—14 出现故障，现场状态与应处状态相反。

三、原因分析

某±660 kV 直流换流站直流断路器由西门子公司生产，型号为 3AQ2ES，采用液压操作机构(包含液压蓄能器，如图 5-5 所示)，其打压回路如图 5-6 所示。

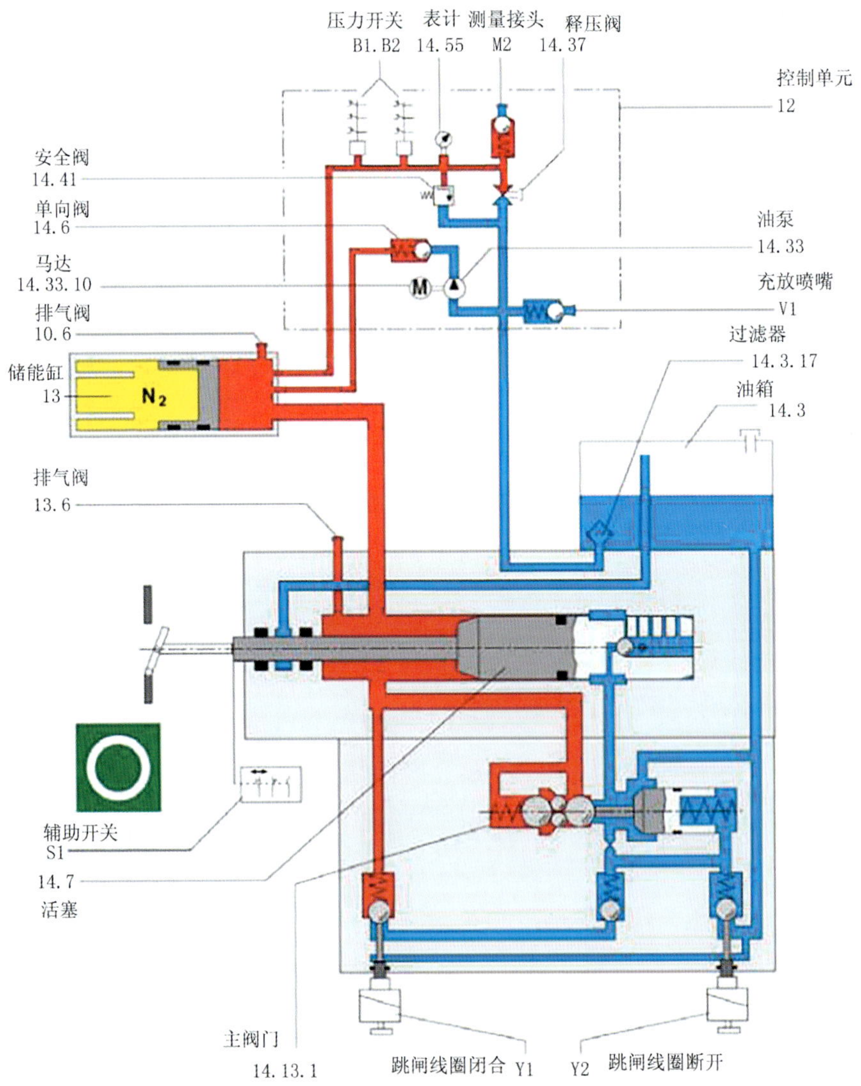

图 5-5　直流断路器液压操作机构图

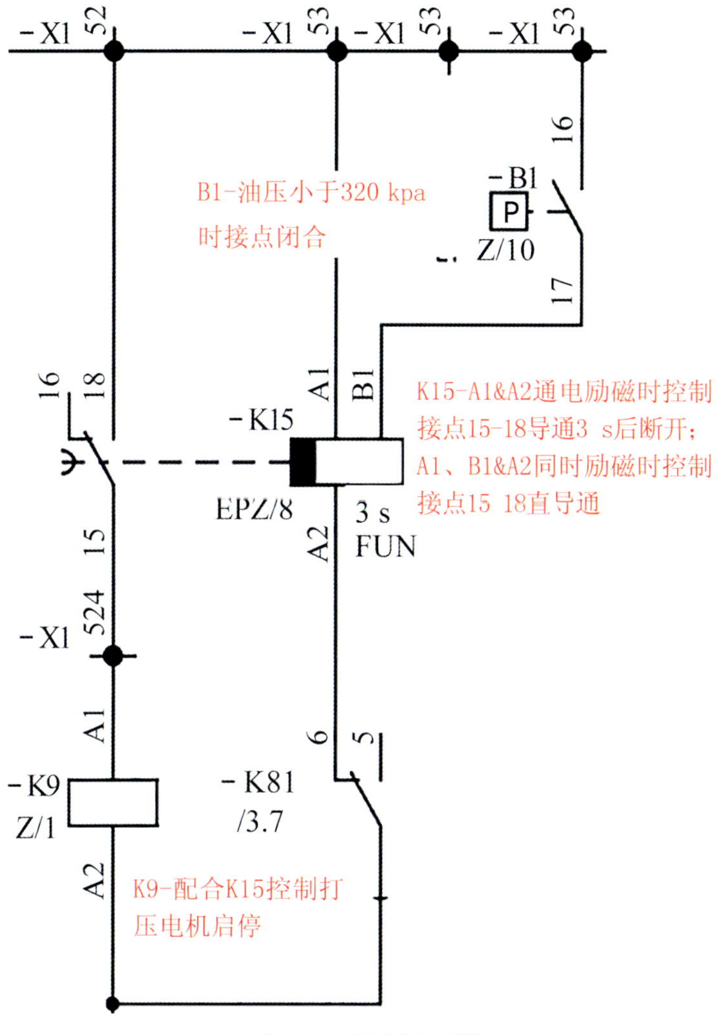

图 5-6　打压控制回路

当微动开关 B1 检测到油压低于 320 bar 时，—B1 的接点 16—17 导通，使 K15 继电器励磁接点 15—18 闭合，从而使 K9 继电器励磁，打压电机启动，打压 3 s 后停止，压力超过 355 bar 时，发“氮气泄漏”报警。

当微动开关 B1 检测到压力低于 308 bar 时，延时 3 min 发“油路系统故障”告警。

现场的压力表显示压力为 350 bar 左右，造成频繁打压的原因可能为以下两种：

(1)液压操作机构出现内渗，压力表指示故障。这会导致机构内实际压力虽低于308 bar，但机构频繁打压，且发“油路系统故障”告警。

(2)压力表指示正常，微动开关 B1 故障。这会导致接点 16—17 和接点 11—14 故障，引发油泵频繁打压并发出“油路系统故障”告警。

四、处理方案

直流断路器在正常运行状态下均处于合位，只有当保护动作或者在极闭锁下手动操作，才需操作该断路器。同时，当压力低于 253 bar 时，会产生总体闭锁，禁止该开关的操作。经咨询厂家，该故障对运行不会产生较大影响，建议现场保持现状，待年度检修期间进行处理。

现场措施：将油泵电源开关断开，监视断路器油压，当压力降至 320 bar 左右时，手动启动打压，当压力升至 360 bar 左右时，断开电机电源。

第二节　并联电容器进线电流互感器导流排放电检查处理

一、事件概述

2012 年 2 月 27 日 8:45，银东直流系统的功率由 3300 MW 上升至 4000 MW 的过程中，5621、5622 并联电容器组自动投入。运行人员发现，5622 开关投入时，进线电流互感器导流排对本体躯壳存在轻微放电并瞬时消失。投入运行后，一次设备和二次设备测量均无任何异常。2 月 28 日 8:45，银东直流系统的功率由 3300 MW 上升至 4000 MW 的过程中，5622 并联电容器组投入瞬间，运行人员再次观察到轻微放电现象，管理处立即汇报公司并组织厂家（西开）到站进行检查。19:00，银东直流系统功率降至 3300 MW。19:30，将 5622 并联电容器转检修，检查发现该罐式电流互感器导流排绝缘护套存在放电击穿迹象，重新制作绝缘护套并进行加固后，恢复正常运行。站内人员分析认为，站内同类型的电流互感器均存在绝缘护套击穿放电的可能性，故对其他 6 组并联电容器的进线 CT 绝缘护套进行了全面检查处理，彻底消除了隐患。

(一)交流滤波器进线电流互感器配置情况

某±660 kV 直流换流站 500 kV 交流滤波器共有 3 大组 14 小组，其中交流滤波器 7 小组，并联电容器 7 小组，全部进线均采用西安西电高压开关有限责任公司生产的 LVQBT-500W2 型 SF_6 绝缘电流互感器。该电流互感器躯壳外侧的导流排采用了 3 个与躯壳一体的金属件固定，导流排与固定件之间通过绝缘护套进行绝缘。基本参数及实际图片分别如表 5-2、图 5-7 所示：

表 5-2　互感器基本参数

序号	项目	参数
1	型式或型号	户外、单相、SF_6 倒立式 LVQBT-500W2
2	额定电压(kV)	500
3	设备最高电压 U_m(kV)	550
4	额定一次电流 I_{1n}(A)	1250
5	额定二次电流 I_{2n}(A)	1
6	安装位置	=WA−Z1−W11/W12/W13/W14/W15−T1; =WA−Z2−W21/W22/W23/W24/W25−T1; =WA−Z3−W31/W32/W33/W34−T1

图 5-7　电流互感器外形

(二)交流滤波器进线电流互感器导流排放电情况

银东直流系统自投运以来持续满负荷或大功率运行,长期保持在 3300～4000 MW(8:00～18:45为 4000 MW,18:45～次日 8:00 为 3300 MW)。功率为 4000 MW 时,仅1 组并联电容器处于备用状态;功率为 3300 MW 时,有 3 组并联电容器处于备用状态。故 7 组交流滤波器一直投入运行,而 7 组并联电容器在每天的功率升降过程中会循环投切。在 2012 年 2 月 27 日 9:00 进行升功率的过程中,运行人员发现电流互感器导流排存在放电现象,如图 5-8 所示。

(a)互感器放电情况

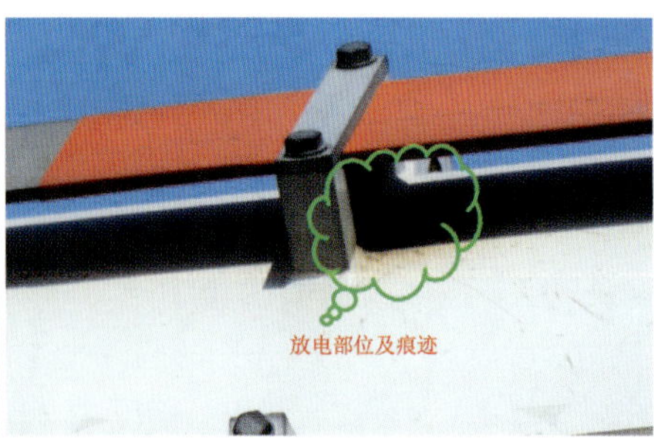

(b)互感器放电位置局部放大图

图 5-8　电流互感器导流排放电现场

二、缺陷检查及处理情况

(一)交流滤波器进线电流互感器导流排检查

2 月 28 日 19:30,银东直流系统的功率降至 3500 MW,某±660 kV 直流换流站申请将 5622 并联电容器转检修,对电流互感器导流排进行检查。拆除导流排后发现,导流排绝缘护套已经破裂并被击穿,金属固定件和互感器躯壳存在明显放电迹象,如图 5-9 所示。

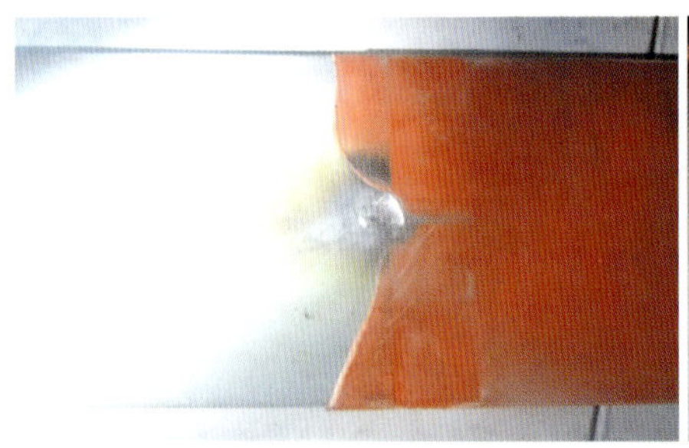

图 5-9　金属固定件和互感器躯壳存在明显放电迹象

(二)导流排绝缘护套处理

某±660 kV 直流换流站组织西开电气公司的技术人员及山东电力研究院的专家进行了讨论分析。由于停电时间有限,作为临时处理措施,现场拆除了 5622 并联电容器进线电流互感器导流排,取下已经破损的绝缘护套,并利用绝缘热缩材料重新进行了制作,在导流排与金属支持件接触部位采用双层绝缘护套,进一步提高绝缘能力。缺陷处理情况如图 5-10 所示。

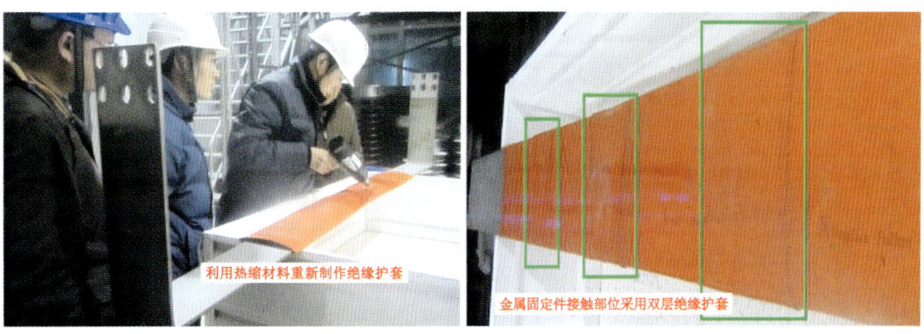

图 5-10　导流排与金属支持件接触部位采用双层绝缘护套

三、原因分析

2 月 29 日，某±660 kV 直流换流站组织西开电气公司的互感器设计人员和山东电力研究院的专家进行了专题分析，并达成一致意见，初步认为绝缘护套击穿放电的原因如下：

(1)电流互感器导流排固定方式设计不合理。现有的电流互感器导流排采用 3 个金属凹槽固定，导流排与固定件之间仅通过绝缘护套进行绝缘，一旦绝缘护套稍有老化或损坏，导流排与固定件之间极易产生绝缘异常导致放电，如图 5-11 所示。

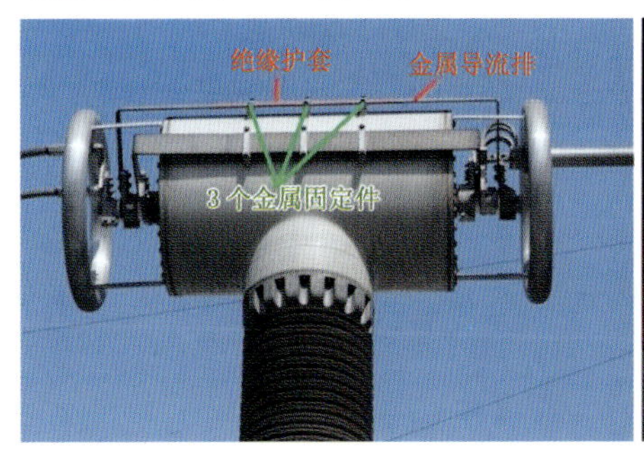

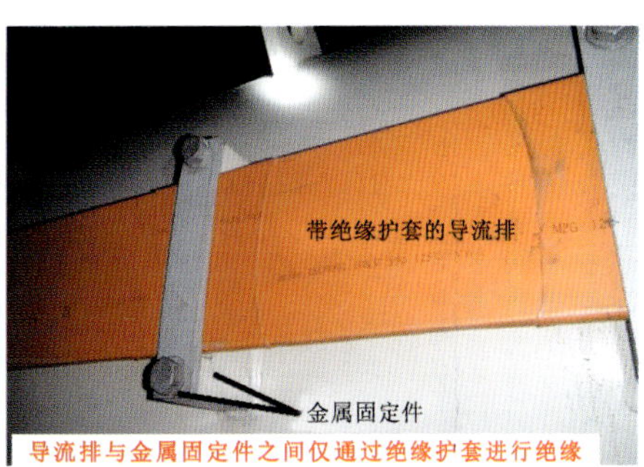

图 5-11　处理前的设备情况

(2)通过查看故障录波发现，在电容器合闸瞬间，流过该电流互感器的涌流达 4000 A 左右，该互感器匝间产生的电压差可能接近或超过绝缘护套的承受能力。现有导流排设计的绝缘能力为 3 kV，怀疑导流排绝缘护套设计裕度不够。自 2010 年 10 月投入以来，电容器每日均要进行投切操作，长期在此工况下，绝缘护套材料性能下降，存在逐步老化和击穿的现象，这属于该类型电流互感器的共性问题。

四、现场处置情况

为了防止其他电流互感器出现同类放电现象，某±660 kV 直流换流站组织安排对 7 组并联电容器的 21 个互感器进行了轮停检查，共发现 8 处存在放电迹象(见图 5-12)，现场采用增加绝缘层数和对绝缘层重新制作的方法进行了临时处理，暂时消除了放电缺陷。

图 5-12　重新制作绝缘层并增加绝缘层数

某±660 kV 直流换流站在 2012 年 4 月 2 日开展的年度检修工作中完成了最终方案的实施：(1)彻底更换此批次绝缘性能较低的绝缘护套，采用耐受 35 kV 电压等级的绝缘材料。(2)对导流排的固定方式进行改进，采用绝缘子固定或增加绝缘板，并适当抬高导流排与躯壳之间的距离，从而进一步提升绝缘水平。(3)对目前无法停运检查的 7 小组交流滤波器，大修期间一并进行检查处理。

第三节　某±660 kV 直流换流站注流回路电容器漏油检查处理情况

一、事件概述

2012 年 7 月 18 日，某±660 kV 直流换流站的运行人员在巡检时发现，双极中性线区域用于接地极阻抗监视的注流回路(WN-C2)电容器漏油，于是在现场进行了隔离更换，并及时恢复正常运行方式，确保迎峰度夏期间直流设备的安全稳定运行。具体情况汇报如下。

二、设备运行工况

银东直流系统以双极大地回线方式运行，某±660 kV 直流换流站 500 kV及 220 kV 交流系统、站用电系统及阀水冷等辅助系统运行正常。

三、现场检查及处理情况

(一)故障汇报

发现双极中性区域注流回路(WN-C2)电容器漏油后，直流管理处立即启动现场应急处置方案，按照有关规定汇报各级调度部门及相关领导。

（二）现场分析

1. 功能说明

双极中性区域注流回路（WN-C2）电容器用于接地极阻抗监视，对接地极状态进行连续监控。其原理是将一个高频交流电流（13.95 kHz，150 mA）加入到接地极线路内，并在电流加入点连续测量交流电压（20～30 V），经过对电流和电压测量值的计算，得到接地极阻抗值。如果计算得到的阻抗值发生较大跳变，将引发接地极阻抗故障（回路开路或接地）告警信号。该回路故障不会引起直流控制或极保护动作。

2. 运行方式分析

如果保持该设备继续运行，一旦直流线路存在扰动，可能导致该电容器（见图 5-13）上的电压接近或超过额定电压（41 kV），造成设备损坏，并危及相邻设备的安全运行。

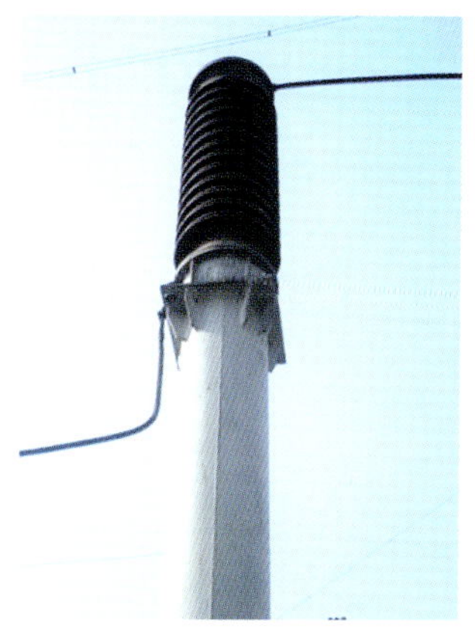

图 5-13　电容器

通过合上 NBGS 站内的临时接地开关，可将接地极线站内的该回路设备隔离。但站内接地极运行期间，若任一极因为直流线路故障、站内设备故障等造成双极电流不平衡，且双极不平衡电流大于 100 A 时，则延时 1 s 告警，延时 2 s 造成 NBGS 站内接地开关（0060）过流保护动作，引起双极闭锁。

银东直流系统自投运以来从未进行过大功率工况下的站内接地替换站外接地极线路运行方式，接地极切换操作过程存在一定风险，国内其他直流工程亦是如此。

四、制定方案

经过现场分析讨论研究后，在确保安全的前提下，为最大限度地减少对电网运行的影响，结合现场实际情况，分析制订了以下四种处理方案：

（1）站内接地极替换站外接地极，隔离故障点，在 2 h 内更换完故障电容器。

（2）合上站内接地极，不隔离接地极线路，带电作业，临时拆除接地极阻抗监视回路。

（3）不进行接地极替换，带电作业，直接拆除接地极阻抗监视回路。

（4）加强监视，暂不处理。

经过国网公司运维部组织相关专家讨论后，明确了处理的必要性和可靠性，确定按第一种方案进行处理。

五、处理过程

经过提前及时组织协调，在国网公司组织方案讨论前，现场已完成了对备品、备件的试验，作业工具、试验仪器、车辆均已就位。现场处理情况如图 5-14 所示。处理过程如下：

(1)20:15，申请直流功率降至 2000 MW。

(2)20:21，按国家电力调度控制中心的指令，将接地极转为站内接地极，在此过程中实时监视站内接地极电流 I_{DGND} 情况，确认其电流大小为10 A 左右，站内接地转换正常。

(3)20:45～21:32，历时 47 min，完成对该电容器的更换工作，汇报国家电力调度控制中心。

(4)21:44，恢复直流系统正常运行方式，现场检查无异常。

(a)监视电流变化

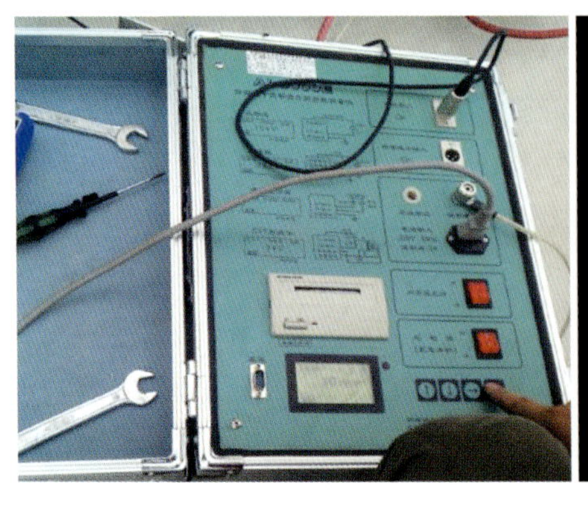

(b)备品试验过程　　(c)现场作业

图 5-14　现场处理情况

六、漏油情况分析

2012年年度大修期间，曾对该电容器进行预试，试验结果合格。此次对漏油电容器进行检查后发现，漏油点为瓷套与底部法兰接缝处，初步分析为瓷套与底部法兰连接处渗漏油所致，已将此问题反馈至厂家，并要求厂家对此问题进行深入分析，查明故障具体原因，立即生产备品、备件并发至现场。

七、应对措施

为确保迎峰度夏期间直流系统的安全稳定运行，直流管理处进一步落实了设备状态管理：一是加强设备巡视力度，组织对所有充油变压器、互感器、电容器等进行专项排查，确保及时发现故障，及时处理；二是做好新更换电容器的跟踪监视，进行特巡检查，确保更换的新设备运行正常；三是组织技术监督及厂家深入分析，排查是否存在家族缺陷情况，尽快查找漏油的根本原因；四是督促厂家尽快完成补充备品的生产并及时运抵现场。

2012年年度大修的相关试验数据及更换备品试验数据分别如表5-3及表5-4所示。

表 5-3　2012年年度大修实验数据

<table>
<tr><td rowspan="4">注流回路电容器试验报告</td><td>安装位置</td><td colspan="2">备品</td><td colspan="2">编号</td><td>10-125</td></tr>
<tr><td>型　　号</td><td colspan="2">DAM41-0.00954</td><td colspan="2">额定电容</td><td>0.00954 nF</td></tr>
<tr><td>生产日期</td><td colspan="2">2010年4月</td><td colspan="2">额定电压</td><td>41 kV</td></tr>
<tr><td>制造厂家</td><td colspan="5">桂林电力电容器有限责任公司</td></tr>
<tr><td rowspan="3">绝缘电阻</td><td>试验日期</td><td colspan="2">2012年4月23日</td><td colspan="2">温度、湿度</td><td>19 ℃、45%</td></tr>
<tr><td>绝缘电阻(MΩ)</td><td colspan="5">2 500</td></tr>
<tr><td>试验仪器</td><td colspan="5">ZC-7型2500 V兆欧表(编号:7063032)</td></tr>
<tr><td rowspan="4">介质损耗因数及电容量</td><td>试验日期</td><td colspan="2">2012年4月23日</td><td colspan="2">温度、湿度</td><td>19 ℃、45%</td></tr>
<tr><td rowspan="2">试验项目</td><td>铭牌电容(nF)</td><td colspan="2">实测电容(nF)</td><td>误差(%)</td><td>tg δ(%)</td></tr>
<tr><td>9.53</td><td colspan="2">9.59</td><td>0.64</td><td>0.287</td></tr>
<tr><td>试验仪器</td><td colspan="5">AI-6000E型介损仪(编号:B70729E)</td></tr>
</table>

表 5-4　更换备品试验数据

序号	项目	实验值
1	绝缘电阻	＞2500 MΩ
2	电容值	9.60 nF
3	介质损耗因数	0.274%

第六章　HGIS 及 GIS 设备

第一节　换流站 220 kV GIS ＃202 开关汇控柜内温湿度控制器故障烧损柜内接线及元器件事件的分析与处理

一、事件概述

（一）运行方式

某±660 kV 直流换流站直流系统双极大地 4000 MW 运行正常，三大组交流滤波器除 5622 并联电容器热备用，其余均在正常运行状态，500 kV 交流场系统、220 kV 交流场系统、站用电系统及阀水冷系统运行正常。

其中，220 kV GIS ＃2 主变中压侧 202 开关、东高Ⅱ线 212 开关均运行在＃2A 母线上。

（二）事件记录

故障发生时的事件记录如表 6-1 所示。

表 6-1　故障发生时的事件记录

时间	主/从	控制系统	事件报文
22:11:50:543	主	直流站控	＃1 直流充电屏 35 ＃1 直流母线绝缘故障
22:12:15:872	主	220 kV 交流站控	＃2 主变 220 kV 侧汇控柜交直流电源失电
22:13:29:208	主	220 kV 交流站控	交流站用 400 V 备自投闭锁产生
22:13:34:702	主	220 kV 交流站控	交流开关场 202 开关就地控制产生
22:13:36:603	主	500 kV 交流站控	站用电控制屏 HCM200 软件告警产生

2012 年 3 月 27 日 22:12 开始，依次报出"#1 直流充电屏 35 #1 直流母线绝缘故障""#2 直流充电屏 35 #2 直流母线绝缘故障""#2 主变 220 kV侧汇控柜交直流电源失电""#2 主变就地接口屏 A 装置电源故障""#2 主变就地接口屏 B 装置电源故障"信息，交流场 202 开关、2021 刀闸、2022 刀闸、2023 刀闸、202D3 地刀、202D5 地刀、202D6 地刀控制故障的信息，以及"#2 直流充电屏 35 #2 直流配电开关跳闸""220 kV #1B/#2B 母线 RCS-915 保护装置闭锁/告警""#2 主变就地接口屏 A、B 内信号电源空开跳开"信息和"#2 主变 220 kV 侧 202 开关汇控柜内照明及加热器电源、信号电源、隔离开关控制电源空开跳开"的信息。

（三）故障描述

现场检查发现，主变接口屏电源开关跳开，202 开关汇控柜内的照明及加热器电源、信号电源、隔离开关控制电源空气开关跳闸，202 开关汇控柜内的温控器、SF_6 密度继电器 ZJQ 远传继电器烧毁，部分电缆槽盒、电缆烧坏。

二、现场检查情况

（一）一次设备

对一次设备进行检查，开关、刀闸、地刀无误动现象，CT（电流互感器）、PT（电压互感器）运行正常。

（二）二次设备

202 间隔 CT、PT 运行正常，采样值无异常，保护未动作。

202 汇控柜内有焦糊味，屏柜表面熏黑，202 开关汇控柜内前面板指示灯均不亮，照明及加热器电源、信号电源、隔离开关控制电源空气开关跳闸。

202 开关汇控柜内温控器、SF_6 密度继电器 ZJQ 远传继电器烧毁，部分电缆槽盒、电缆烧坏。

三、原因分析

初步分析为汇控柜内的温控器故障，导致内部短路烧损，而外壳为非阻燃材料，导致温湿度控制器、中间继电器及周围电缆烧毁。

某±660 kV 直流换流站 500 kV HGIS、220 kV GIS 汇控柜内的温控器均由江苏江阴的某公司生产，共 40 套。截至 2013 年 5 月 30 日，500 kV HGIS 已更换 12 台次，220 kV GIS更换 7 台次，更换频率较高。

四、处理过程

本次事件导致温湿度控制器、中间继电器、77 根内部电缆及 1 根外部电缆烧毁，对相应器件进行更换，经检验无误后，恢复正常运行。

五、处理方案

(一)安全措施布置

1. 断开汇控柜电源

(1)断开柜内空气开关:需断开的空气开关如表 6-2 所示。

表 6-2 需断开的空气开关

编号	名称
XDL1	信号电源,110 V 直流
XDL0	验电器电源,110 V 直流
XDL2	隔离开关电机、控制电源,220 V 交流
XDL3	接地刀闸电机、控制电源,220 V 交流
XDL4	断路器电机电源
XDL5	加热、照明、插座电源

(2)断开 202 开关操作电源:在♯2 主变非电量保护屏后,断开 202 开关操作电源。需断开的空气开关为♯2 变非电量保护屏的空气开关 1-4K1,需要检查的无电端子为 202 开关汇控柜内的 XH,X1-5。操作步骤如下:

①断路器合闸、第一组分闸电源 1-4K1,检查 202 开关汇控柜内端子排,X1-1、X1-5无电。

②断路器第二组分闸电源 1-4K2,检查 202 开关汇控柜内端子排,X1-9、X1-13无电。

(3)断开 202 开关汇控柜刀闸、地刀总操作电源:需断开的电源为 220 kV交流场♯2 交流配电箱的♯2 主变交流电源。

危险点:工作过程中,必须确保 202-D3 ♯2 主变进线地刀的分闸状态。

(4)断开 202 开关汇控柜信号电源及验电器电源:需断开的验电器电源为 EA21B 110 V 直流馈线屏 2 的支路 75 ♯2 主变 220 kV 侧 GIS 汇控柜信号及验电器电源。

(5)断开♯2 主变就地接口屏信号电源:需断开的♯2 主变就地接口屏信号电源为 ATC2A 500 kV ♯2 主变就地接口屏 A 的 A201～A203 信号电源及 ATC2B 500 kV ♯2 主变就地接口屏 B 的 A201～A203 信号电源。

(6)确认现场汇控柜内相关信号无电的端子排:需要确认的现场汇控柜内的相关信号无电的端子排如表 6-3 所示。

表 6-3　　端子号对应的信号内容

序号	汇控柜端子号	接口屏柜端子号	电缆号	备注
1	X5—35/X7—36	X161L+:1/X241:23	E1—701A/E1—901A	断路器 Q1 合闸
2	X5—75/X5—76	X161L+:1/X241:24	E1—701A/E1—903A	断路器 Q1 分闸
3	X3—9/X3—10	X161L+:1/X241:25	E1—701A/E1—905A	隔离开关 Q11 合闸
4	X3—49/X3—50	X161L+:1/X241:26	E1—701A/E1—907A	隔离开关 Q12 合闸
5	X3—89/X3—90	X161L+:1/X241:27	E1—701A/E1—909A	隔离开关 Q13 合闸
6	X4—9/X4—10	X161L+:1/X241:28	E1—701A/E1—911A	隔离开关 Q21 合闸
7	X4—49/X4—50	X161L+:1/X241:29	E1—701A/E1—913A	隔离开关 Q22 合闸
8	X4—89/X4—90	X161L+:1/X241:30	E1—701A/E1—915A	隔离开关 Q23 合闸
9	X8—13/X8—14	X161L+:1/X241:31	E1—701A/E1—917A	各气室 SF_6 压力降低报警
10	X3—127/X3—128	X161L+:1/X241:32	E1—701A/E1—919A	断路器 SF_6 压力降低闭锁
11	X3—129/X3—130	X161L+:1/X241:33	E1—701A/E1—921A	连锁解除
12	X8—21/X8—22	X161L+:1/X241:34	E1—701A/E1—923A	断路器合、分闸低油压闭锁
13	X5—124/X5—125	X161L+:1/X241:35	E1—701A/E1—925A	断路器合、分闸低油压报警
14	X5—116/X5—117	X161L+:1/X241:36	E1—701A/E1—927A	断路器、隔离开关、接地开关就地控制
15	X3—149/X3—150	X161L+:1/X241:37	E1—701A/E1—929A	断路器储能电机告警
16	X5—120/X5—121	X161L+:1/X241:38	E1—701A/E1—931A	断路器三相不一致跳闸报警
17	X6—121/X6—122	X161L+:1/X241:39	E1—701A/E1—933A	交流电源失电
18	X6—111/X6—112	X161L+:1/X241:40	E1—701A/E1—935A	进线电压互感器二次失压
19	X6—129/X6—130	X161L+:1/X241:22	E1—701A/E1—937A	直流电源失电
20	X5—37/X7—38	X161L+:1/X241:23	E1—701A/E1—901B	断路器 Q1 合闸
21	X5—77/X5—78	X161L+:1/X241:24	E1—701A/E1—903B	断路器 Q1 分闸

续表

序号	汇控柜端子号	接口屏柜端子号	电缆号	备注
22	X3－13/X3－14	X161L＋:1/X241:25	E1－701A/E1－905B	隔离开关 Q11 合闸
23	X3－53/X3－54	X161L＋:1/X241:26	E1－701A/E1－907B	隔离开关 Q12 合闸
24	X3－93/X3－94	X161L＋:1/X241:27	E1－701A/E1－909B	隔离开关 Q13 合闸
25	X4－13/X4－14	X161L＋:1/X241:28	E1－701A/E1－911B	隔离开关 Q21 合闸
26	X4－53/X4－54	X161L＋:1/X241:29	E1－701A/E1－913B	隔离开关 Q22 合闸
27	X4－93/X4－94	X161L＋:1/X241:30	E1－701A/E1－915B	隔离开关 Q23 合闸
28	X8－15/X8－16	X161L＋:1/X241:31	E1－701A/E1－917B	各气室 SF_6 压力降低报警
29	X3－143/X3－144	X161L＋:1/X241:32	E1－701A/E1－919B	断路器 SF_6 压力降低闭锁
30	X3－131/X3－132	X161L＋:1/X241:33	E1－701A/E1－921B	连锁解除
31	X8－23/X8－24	X161L＋:1/X241:34	E1－701A/E1－923B	断路器合、分闸低油压闭锁
32	X5－126/X5－127	X161L＋:1/X241:35	E1－701A/E1－925B	断路器合、分闸低油压报警
33	X5－118/X5－119	X161L＋:1/X241:36	E1－701A/E1－927B	断路器、隔离开关、接地开关就地控制
34	X3－151/X3－152	X161L＋:1/X241:37	E1－701A/E1－929B	断路器储能电机告警
35	X5－122/X5－123	X161L＋:1/X241:38	E1－701A/E1－931B	断路器三相不一致跳闸报警
36	X6－123/X6－124	X161L＋:1/X241:39	E1－701A/E1－933B	交流电源失电
37	X6－113/X6－114	X161L＋:1/X241:40	E1－701A/E1－935B	进线电压互感器二次失压
38	X6－131/X6－132	X161L＋:1/X241:22	E1－701A/E1－937B	直流电源失电

(7)其他电源:对于其他至 202 开关汇控柜的信号电源,应在相应屏内断开其信号端子,并用胶带包好,在 202 开关汇控柜内应将相应端子用红色胶带缠绕以示警示,并加强监护,防止触碰、拉扯。需断开的端子如表 6-4 所示。

表 6-4　需断开的端子

序号	去向	汇控柜端子号	相应屏柜端子号	电缆号	信号内容
1	＃2、＃3 主变故障录波屏	X5—81/82； X6—81/82； X7—81/82；	KD1—36/KD1—5 KD1—36/KD1—6 KD1—36/KD1—7	L901/L911 L901/L913 L901/L915	断路器三相跳位
2	＃2 主变保护 C 屏	X3—17/18； X3—57/58	7QD1/7QD4 7QD1/7QD6	E1—Y101/E1—Y171 E1—Y101/E1—Y173	刀闸位置
3	220 kV 母线保护屏 1	X3—21/22； X3—61/62	1C3D7/1C3D11 1C3D7/1C3D12	E1—M101/E1—M171 E1—M101/E1—M173	刀闸位置
4	220 kV 母线保护屏 2	X3—25/26； X3—65/66	1C5D7/1C5D11 1C5D7/1C5D12	E1—M101/E1—M171 E1—M101/E1—M173	刀闸位置
5	500 kV 第三串中断路器汇控柜	X3—95/96		W3—Q2—8843/ W3—Q2—8845	接地开关 W3Q23 连锁
6	500 kV 第三串Ⅰ母断路器汇控柜	X4—95/96		W3—Q1—8825/ W3—Q1—8827	隔离开关 W3Q12 连锁
7	500 kV 第三串中断路器汇控柜	X4—99/100		W3—Q2—8823/ W3—Q2—8825	隔离开关 W3Q13 连锁

危险点：对于外部输入开关柜的电源，未经过柜内空开，直接接入端子排；在更换线缆范围内的，应该断开电源接线，用绝缘胶布将接线缠好。

2. CT、PT 回路检查

(1)CT 回路：汇控柜内，CT 端子排为 X2，X2 端子排左侧为 CT 本体至端子排接线(厂家内部线)，未损坏；右侧为 CT 至各保护屏外部接线(送变电接线)，未见明显损坏。工作前，将 CT 在汇控柜内用短接线将相应端子封住。需封住的端子排号如表 6-5 所示。

表 6-5　　需封住的端子排号

端子排号	回路名称	去往屏柜 1	端子排号	回路名称	去往屏柜 2	端子排号
X2:61 X2:67 X2:62 X2:68 X2:63 X2:69	LT2.E1－A171 LT2.E1－A171' LT2.E1－B171 LT2.E1－B171' LT2.E1－C171 LT2.E1－C171'	主变 220 kV 侧关口表屏；#2 主变 220 kV 侧关口表	1BD:1 1BD:7 1BD:13 1BD:14 1BD:3 1BD:9 1BD:15 1BD:16 1BD:5 1BD:11 1BD:17 1BD:18	LT2.E1－A172 LT2.E1－A171' LT2.E1－B172 LT2.E1－B171' LT2.E1－C172 LT2.E1－C171'	#2、#3 主变电度表屏；#2 主变 220 kV 侧电度表	2BD:1 2BD:7 2BD:3 2BD:7 2BD:5 2BD:11
X2:11 X2:12 X2:13 X2:17、18、19	LT2.E1－A121 LT2.E1－B121 LT2.E1－C121 LT2.E1－N121	#2、#3 主变故障录波器屏	D3:9 D3:11 D3:13 D3:16			
X2:1 X2:2 X2:3 X2:7、8、9	LT2.E1－A111 LT2.E1－B111 LT2.E1－C111 LT2.E1－N111	#2 主变就地接口屏 A	X621:1 X621:4 X621:2 X621:5 X621:3 X621:6 X621:7	LT2.E1－A112 LT2.E1－B112 LT2.E1－C112 LT2.E1－N111	#3 主变就地接口屏 B	X621:1 X621:2 X621:3 X621:7、6、5、4
X2:47 X2:48 X2:49 X2:41、42、43	LT2.E1－A151 LT2.E1－B151 LT2.E1－C151 LT2.E1－N151	220 kV 母线保护屏 2	1I5D1 1I5D2 1I5D3 1I5D4			
X2:57 X2:58 X2:59 X2:51、52、53	LT2.E1－A161 LT2.E1－B161 LT2.E1－C161 LT2.E1－N161	220 kV 母线保护屏 1	1Ⅰ3D1 1Ⅰ3D2 1Ⅰ3D3 1Ⅰ3D4			

危险点：短接汇控柜内 CT 回路，将连片划开，检测 CT 回路绝缘电阻。

(2)PT 回路：汇控柜内，220 kV GIS #2 主变进线间隔 PT 端子排 X8，在汇控柜最左侧，本次故障点位置在汇控柜最右侧，因此 X8 端子排未受影响。检查确认 PT 回路确无异常，需检查的端子排号如表 6-6 所示。

表 6-6　　需检查的端子排号

名称	相别	内部回路号	端子排号	外部回路号	去路屏柜 1	去路屏柜 2	去路屏柜 3
第一绕组	A	A601	X8:123	A611	＝S2＋TEM ＃2 主变 220 kV 侧关口表(1BD:19)	＝S2＋TDD23 ＃2 主变 220 kV 侧电度表(2BD:13)	
	B	B601	X8:125	B611	＝S2＋TEM ＃2 主变 220 kV 侧关口表(1BD:21)	＝S2＋TDD23 ＃2 主变 220 kV 侧电度表(2BD:15)	
	C	C601	X8:127	C611	＝S2＋TEM ＃2 主变 220 kV 侧关口表(1BD:23)	＝S2＋TDD23 ＃2 主变 220 kV 侧电度表(2BD.17)	
	N		X8:101	N611	＝S2＋TEM ＃2 主变 220 kV 侧关口表(1BD:25)	＝S2＋TDD23 ＃2 主变 220 kV 侧电度表(2BD:19)	
第二绕组	A	A602	X8:129	A612	＝S2＋TP2A ＃2 主变保护 A 屏(U2D1)	＝S2＋ATC2A ＃2 主变就地接口屏 A(X721:1)	
	B	B602	X8:131	B612	＝S2＋TP2A ＃2 主变保护 A 屏(U2D2)	＝ S2 ＋ ATC2A ＃2主变就地接口屏 A(X721:3)	
	C	C602	X8:133	C612	＝S2＋TP2A ＃2 主变保护 A 屏(U2D3)	＝ S2 ＋ ATC2A ＃2主变就地接口屏 A(X721:5)	
	N		X8:107	N612	＝S2＋TP2A ＃2 主变保护 A 屏(U2D4)	＝ S2 ＋ ATC2A ＃2主变就地接口屏 A(X721:7)	

续表

名称	相别	内部回路号	端子排号	外部回路号	去路屏柜 1	去路屏柜 2	去路屏柜 3
第三绕组	A	A603	X8:135	A613	＝S2＋TP2B #2主变保护 B屏(U2D1)	＝S2＋ATC2B #2主变就地接口屏 B(X721:1)	＝S2＋TFR23 #2、#3主变故障录波器屏(D1:7)
	B	B603	X8:137	B613	＝S2＋TP2B #2主变保护 B屏(U2D2)	＝S2＋ATC2B #2主变就地接口屏 B(X721:3)	＝S2＋TFR23 #2、#3主变故障录波器屏(D1:8)
	C	C603	X8:139	C613	＝S2＋TP2B #2主变保护 B屏(U2D3)	＝S2＋ATC2B #2主变就地接口屏 B(X721:5)	＝S2＋TFR23 #2、#3主变故障录波器屏(D1:9)
	N		X8:115	N613	＝S2＋TP2B #2主变保护 B屏(U2D4)	＝S2＋ATC2B #2主变就地接口屏 B(X721:7)	＝S2＋TFR23 #2、#3主变故障录波器屏(D1:11)
第四绕组	N		X8:91	N614	＝S2＋TFR23 #2、#3主变故障录波器屏(D1:12)		
	L		X8:95	L614	＝S2＋TFR23 #2、#3主变故障录波器屏(D1:10)		

(3)退出#2主变保护、220 kV 母差保护失灵压板：#2主变保护屏 A、B 分别发出命令至母差保护屏，启动母差失灵保护。在工作过程中(202 开关

分位)，建议退出保护屏 A、B，启动中压侧失灵压板 1C2LP3。需退出的压板为 TP2A 500 kV ＃2 主变保护屏 1 的 1C2LP3 ＃2 主变保护 A 启动中压侧失灵压板及 TP2B 500 kV ＃2 主变保护屏 2 的 1C2LP3 ＃2 主变保护 B 启动中压侧失灵压板。

3. 一次设备状态

检查＃1A 母线，带东高Ⅰ线；＃2A 母线，带东高Ⅱ线＃2 主变。建议操作 202 开关之前，先将东高Ⅱ线由＃2A 母线转至＃1A 母线。这样可以预防 202 开关失灵保护动作，启动母差保护跳东高Ⅱ线进线开关。

由于要穿、接电缆等，为确保不误碰、误动其他端子排，引起 202-D3 ＃2 主变进线地刀误合闸，进行检修工作时，必须保证 220 V 交流空气开关 XDL3 与接地刀闸电机、控制电源在断开状态，并且用绝缘胶布将 X4-115 和 X4-117 端子粘住。

将 202 开关转至检修状态，断开相应刀闸及地刀的操作电源和控制电源，在相应刀闸、机构箱内断开其分、合闸回路电缆并用绝缘胶布缠好，防止工作过程中误操作一次设备。需断开的电缆如表 6-7 所示。

表 6-7　需断开的电缆

一次设备名称	机构箱内端子号	功能
202-1	X-35	合闸
	X-38	分闸
	WK2	机械微动开关
202-2	X-35	合闸
	X-38	分闸
	WK2	机械微动开关
202-3	X-35	合闸
	X-38	分闸
	WK2	机械微动开关
202-D3	X-35	合闸
	X-38	分闸
	WK2	机械微动开关
202-D5	X-35	合闸
	X-38	分闸
	WK2	机械微动开关

续表

一次设备名称	机构箱内端子号	功能
202-D6	X-35	合闸
	X-38	分闸
	WK2	机械微动开关

（二）检修步骤

1. 准备工具及材料

需要的工具及材料如表 6-8 所示。

表 6-8　工具和材料

工具			
序号	名称	单位	数量
1	万用表	台	1
2	绝缘摇表	台	1
3	螺丝刀	套	1
4	剥线钳	把	1
5	尖嘴钳	把	1
6	斜口钳	把	1
7	号头机	台	1
8	头灯	个	2
9	探照灯	个	1
10	吹风机	个	1
11	电源盘	个	1
材料			
序号	名称	单位	数量
1	绝缘胶布	包	4
2	线鼻子	包	4
3	酒精	瓶	2
4	抹布	块	若干

2. 缺陷处理备品清单

需要的缺陷处理备品如表 6-9 所示。

表 6-9　需要的缺陷处理备品

序号	名称	型号	数量
1	内部 1.5 mm^2 电缆	1.5 mm^2 多芯浅蓝色软铜线	1000 m
2	SF_6 密度继电器中继器	ADAM 4510S	1 个
3	温湿度控制器	江苏江阴出产	1 个
4	分、合闸电阻	5 Ω,150 W	4 个
5	电源模块	Mini power Class2 power supply	1 个
6	合闸低油压闭锁中间继电器等	C5－A30＋S5－S DC110V	6 个
7	汇控柜内电缆槽盒(正上方)		1 m
8	汇控柜内电缆槽盒(横向)		1 m
9	电缆槽盒固定件		2 套
10	端子排固定导轨	2 m	3 套
11	安装工具		按人数配置
12	切换把手	LA39－20XS/ffu＋F12	3 个
13	刀闸地刀位置指示灯	AD16－22WF/G DC110 V	3 个
14	转换开关	YSKNC29-79M	1 个
15	转换开关	YSKNC23-79M	2 个
16	连锁解除按钮	LA39－11Y/a＋F12	1 套

(三)检查柜内元器件、接线损坏情况

检查过程如下：

(1)202 开关汇控柜涉及的一次设备包括：202 开关，202-3(L10-DS)隔离刀闸，202-1(L10-FDS1)与＃1A 母线隔离刀闸，202-2(L10-FDS2)与＃2A 母线隔离刀闸，202-D3 ＃2 主变进线地刀，202-D5、202-D6 断路器检修地刀。准备上述设备的分、合闸回路图纸，以备控制回路故障时检查。

(2)打开柜门，检查上述设备的控制回路。首先确认 202 开关、分闸回路无异常，检查 X5-28 、X6-28、X7-28 端子负电位；确认 202-D5、202-D6 断路器检修地刀合闸回路正常；检查刀闸操作回路，确认有无窜电，确认接地情况。检查过程中，用万用表测量端子排，严禁触碰回路接线，防止一次设备动作。

(3)若刀闸、地刀拒动,先恢复刀闸、地刀控制电源。

(4)更换屏柜内的损坏器件。

(5)逐根更换烧坏的电缆并接线。

(四)验收方案

验收方案如表 6-10 所示。

表 6-10 验收方案

序号	验收内容	验收项目	质量标准
1	外观检查	(1)屏内端子及接线	接线紧固,外观整齐
		(2)屏内标示	标示清楚,号头准确
		(3)转换开关、操作按钮	转换开关、操作按钮操作灵活
		(4)各元器件	固定良好,元器件无松动现象
2	操作功能检查	(1)就地操作 202 开关	就地操作正常
		(2)就地操作 202-1 刀闸	就地操作正常
		(3)就地操作 202-2 刀闸	就地操作正常
		(4)就地操作 202-3 刀闸	就地操作正常
		(5)就地操作 202-D5 地刀	就地操作正常
		(6)就地操作 202-D6 地刀	就地操作正常
3	信号及指示灯	(1)连锁解除	指示灯及信号上传正确
		(2)断路器分闸低油压报警	指示灯及信号上传正确
		(3)断路器合闸低油压报警	指示灯及信号上传正确
		(4)断路器储能电机运转超时	指示灯及信号上传正确
		(5)其他气室压力低报警	指示灯及信号上传正确
		(6)断路器 SF_6 压力低报警	指示灯及信号上传正确
		(7)OWS 后台 202 开关,202-1、202-2、202-3 刀闸,202-D3、202-D5、202-D6 地刀指示	后台信号上传正确

续表

序号	验收内容	验收项目	质量标准
4	元器件核对检查	(1)检查 JSQ SF_6 密度继电器、中间继电器工作是否正常	继电器动作及信号上传正确
		(2)检查 WS 温控器工作是否正常	继电器动作及信号上传正确
		(3)检查 DGQ 电源模块输出电压是否正常	继电器动作及信号上传正确
		(4)HYJ 断路器合闸低油压闭锁中间继电器	继电器动作及信号上传正确
		(5)TYJ1 断路器分闸低油压闭锁中间继电器 1	继电器动作及信号上传正确
		(6)TYJ2 断路器分闸低油压闭锁中间继电器 2	继电器动作及信号上传正确
		(7)CBM 断路器储能电机启停信号扩展继电器	继电器动作及信号上传正确
		(8)CBS 断路器储能电机超时运转报警扩展继电器	继电器动作及信号上传正确
		(9)CBH 重合闸报警扩展继电器	继电器动作及信号上传正确
		(10)RHA 合闸电阻	5 Ω
		(11)RHB 合闸电阻	5 Ω
		(12)RHC 合闸电阻	5 Ω
		(13)RFA1 分闸电阻	5 Ω
		(14)RFB1 分闸电阻	5 Ω
		(15)RFC1 分闸电阻	5 Ω
		(16)RFA2 分闸电阻	5 Ω
		(17)RFB2 分闸电阻	5 Ω
		(18)RFC2 分闸电阻	5 Ω

第二节　交流滤波器5621开关B相频繁打压处理

一、事件概述

从2013年9月9日开始，交流滤波器场5621开关B相频繁打压，初期约2 h打压一次，每次2 s，后期约为1 h打压一次，每次2 s。经观察分析，为液压操动机构储能模块内部存在微渗，导致压力建立后无法长时间保持。2013年11月4日，向国家电力调度控制中心申请5621滤波器转检修，更换储能模块后恢复正常。

二、缺陷检查及处理情况

（一）加强跟踪确定故障情况

发生打压频繁的情况后，运维人员对5621开关B相加强跟踪，发现打压间隔有规律性，基本1 h打压一次，打压时间正常。

（二）通过故障情况推断故障类型

经过长期跟踪观察发现，5621开关B相液压操动机构可以正常建立起压力，但无法长时间维持。可以判断故障为操动机构储能模块内部存在微渗，压力建立后高压油向低压油箱内渗漏，造成压力释放所致。

（三）对液压机构检查处理的流程

在做好相应的安全措施后，开始对液压机构进行检查处理，步骤如下：

（1）拆开操动机构外壳，轻轻放到一边。

（2）取下防慢分卡销，位置如图6-1所示。

图 6-1　防慢分卡销的位置

(3)开关在分位,拉手动泄压阀,将高压油泄压至低压油箱,使机构内部无压力,如图 6-2 所示。

图 6-2　压力释放

(4)将导油管装于泄油口处,打开泄油阀,缓缓开启注油塞,使机构内部的液压油缓缓流出,如图 6-3、图 6-4 所示。

图 6-3 导油管连接

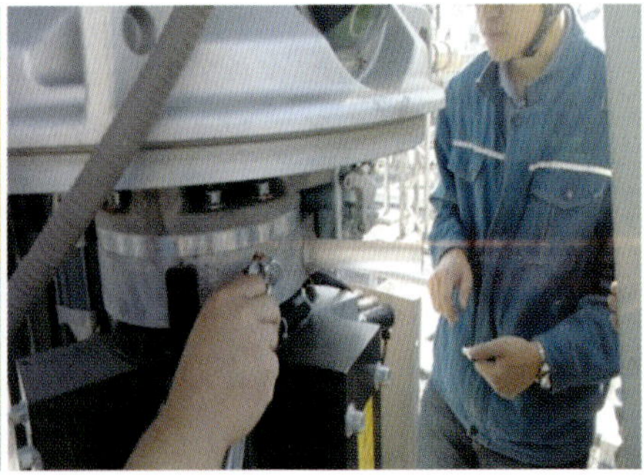
图 6-4 开启注油塞

(5)液压油停止流出后，关闭泄油阀，拆除控制模块上的分合闸电磁阀端部引线，并做好记录。

(6)在控制模块下部包塑料薄膜，防止液压油渗出后污染机构(见图 6-5)。用 M10 内六角扳手将控制模块旁的加热板拆下，再将固定控制模块的四个固定螺栓拆下(见图 6-6)，缓缓取下控制模块，期间引导液压油流入油桶中。

图 6-5 包装塑料薄膜

图 6-6 拆下控制模块的固定螺栓

(7)将机构及控制模块上的残油用无毛纸擦拭干净，对控制模块进行检查。经检查，未发现控制模块有损坏。

(8)在最北侧储能模块下垫上无毛纸，防止拆除后液压油渗漏至机构内。用一字螺丝刀将储能模块与下部固定卡座分开，用内六角扳手将其固定螺栓拆除，如图 6-7 所示。

图 6-7　拆下螺栓

(9)缓缓取下储能模块,及时用无毛纸将机构和储能模块内流出的液压油清理干净,如图 6-8 所示。

图 6-8　清理流出的液压油

(10)将储能模块内的液压油倒入油桶中。此时发现储能模块内的液压油有变黑的迹象(见图 6-9)。在储能模块底部活塞定位孔内装上 M6 螺栓,用钳子拉出活塞(见图 6-10),检查活塞及密封圈,并用无毛纸清理干净,如图 6-11 所示。

图 6-9　有发黑迹象的液压油

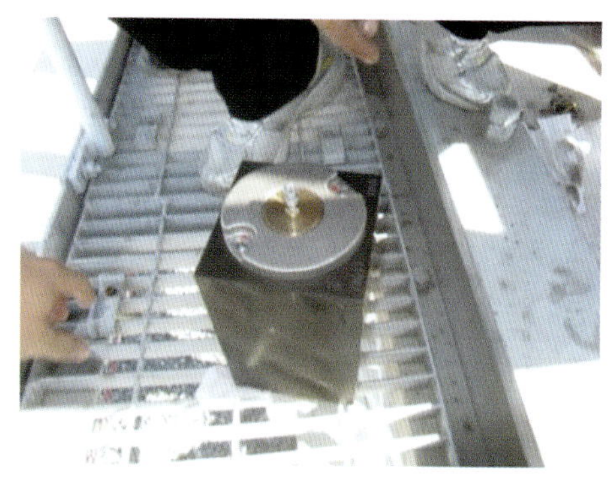

图 6-10　拔出活塞

图 6-11 清理储能模块

(11)用同样的方法对另外两个储能模块进行检查，发现最南侧储能模块的活塞密封圈有明显凹痕，活塞有摩擦痕迹，如图 6-12 所示。

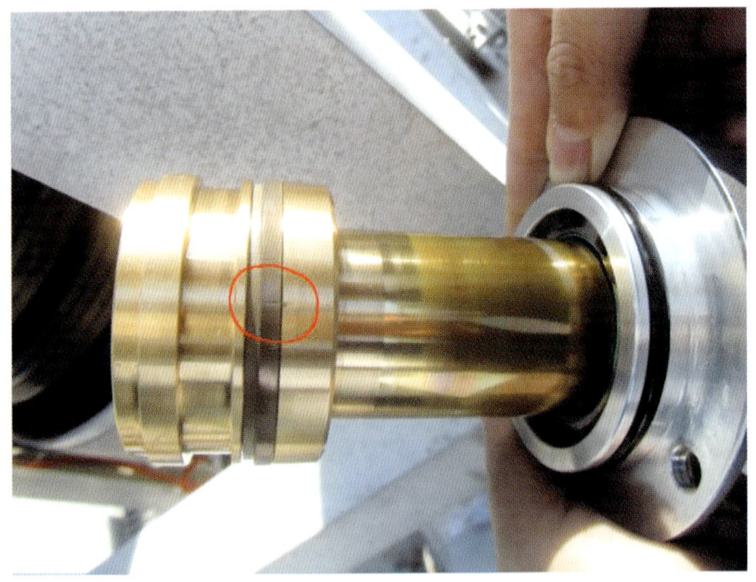

图 6-12 密封圈的凹痕

(12)将备件的储能模块活塞取出，清理干净后换入储能模块。

(13)将所有部件清理后装回机构，上紧所有螺栓。

(14)将抽真空装置的储油器装到注油阀处，连接好抽真空装置(见图 6-13)，对液压机构进行抽真空操作。

图 6-13　连接储油器及抽真空装置

(15)抽真空 10 min 后,检查机构各部位,确认无进气点,将泄压阀处的导油管装入新液压油桶油面以下,缓缓打开泄油阀,在抽真空装置的带动下将新油注入机构内。

(16)当油注满机构,流至顶部连接在注油阀的储油器内时,关闭泄油阀,停止注油,如图 6-14 所示。

图 6-14　油流至储油器内时关闭泄油阀

(17)通过关、合抽真空装置储油器顶部的阀门,将液压机构内的液压油不断地吸入、吸出储油器,通过油的流动排出液压操动机构内混杂的气体。反复操作十余次后,关闭抽真空装置,取下注油阀、泄油阀的连接管。

(18)合上开关操作电源和电机电源,申请进行开关分合操作。分合一次后断开电机电源,泄压后缓缓拧松注油阀阀口螺栓,听到排出气体的声音后拧紧。反复进行两次。

(19)运行人员进行远方操作,分合开关两次。B相操动机构打压时间与其他两相时间基本相同,无故障及卡涩情况。

(20)装好防慢分卡销,安装机构防护罩,清理现场。持续观察开关。

三、原因分析

由于储能模块内的活塞密封圈有一硬性凹陷,建立压力后高压油可以经凹陷处缓缓流回低压油箱,使建立起来的压力无法长时间保持。当压力低到一定程度时,行程开关导通弹簧储能回路,电机工作,对液压操动机构进行打压。

四、检修后的现场处置

检修后的现场处置如下:

(1)检修后使开关在合位状态观察8小时,液压操动机构未进行打压操作。

(2)将开关远程操作至分位状态观察8小时,液压操动机构未进行打压操作。

(3)将开关再次远程操作至合位状态观察8小时,液压操动机构未进行打压操作。

(4)将开关远程操作至分位状态,工作完成,清理现场至可送电状态。

第三节 某±660 kV直流换流站#62母线气室故障检查及原因分析

一、事件概述

2014年12月24日22:45,银东直流系统的功率由2800 MW升至3300 MW的过程中,无功控制自动投入5611小组滤波器,20 s后,即22:55:37,500 kV #62M(第二大组交流滤波器母线)保护1、2动作跳闸出口,第五串

5051、5052 开关小组滤波器 5621、5624、5625 跳闸。

二、现场检查情况

现场检查发现，5051 开关 C 相气室、500 kV 交流场至＃62M 之间封闭母线＃5 气室有明显的臭鸡蛋气味。其中＃5 气室 SF_6 分解产物 HF、H_2S 分别达到 1.20 mg/L、26.8 mg/L，5051 断路器 C 相气室 SF_6 分解产物虽有 SO_2、CO 但无 HF、H_2S 这两种典型的闪络故障特征气体，其余气室正常。试验结果如表 6-11 所示。

表 6-11　5051 断路器 C 相气室、500 kV 交流场至＃62M 之间封闭母线 C 相＃5 气室 SF_6 分解产物测试结果

5051 断路器 C 相气室 SF_6 分解产物测试结果		
SF_6 气体分解产物	本次检测气体含量(mg/L)	正常运行气体含量(mg/L)
SO_2	30.8	0
HF	0	0
H_2S	0	0
CO	12.5	0
500 kV 交流场至＃62 M 之间封闭母线 C 相＃5 气室 SF_6 分解产物测试结果		
SF_6 气体分解产物	本次检测气体含量(mg/L)	正常运行气体含量(mg/L)
SO_2	138.8	0
HF	1.20	0
H_2S	26.8	0
CO	44.4	0

SF$_6$ 分解产物超标的两个气室位置如图 6-15 所示。

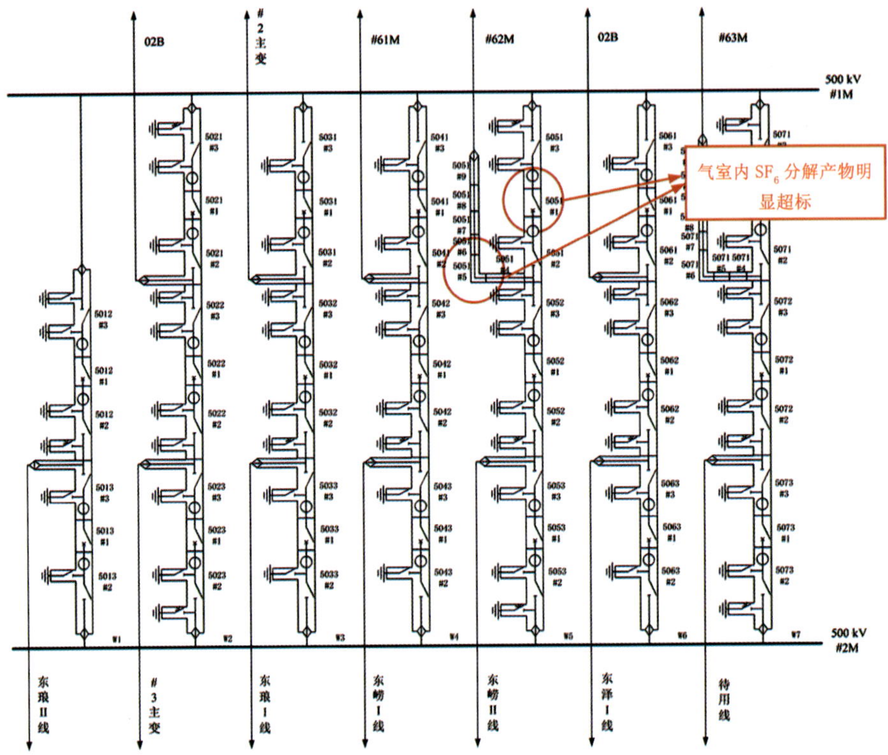

图 6-15　SF$_6$ 分解产物超标的两个气室位置示意图

三、母线现场解体检查情况

现场对故障母线气室进行解体检查，在该母线气室中发现电弧粉尘；气室隔段盆式绝缘子表面被电弧烧灼熏黑；触头屏蔽罩被电弧灼伤（见图 6-16）；屏蔽罩右下方端口灼伤缺损和中间部分灼伤形成两个圆形孔洞；相邻导体有电弧灼伤；在罐体底部发现橡胶条质；触头中缓冲胶垫损坏。

图 6-16 母线气室故障情况

各部件的烧损情况具体如下：

(一)母线中盆式绝缘子烧损情况

盆式绝缘子凸侧表面约 3/4 面积被烧灼熏黑，如图 6-17 所示。

图 6-17 母线气室盆式绝缘子烧损情况

(二)母线中触头烧损情况

在屏蔽罩与导体对接的开口位置产生长度为 80 mm、宽度为 25 mm 接近半圆形的灼伤缺损；在屏蔽罩中部产生直径为 17 mm 的圆形灼伤缺损；在屏蔽罩与盆式绝缘子连接位置产生直径为 17 mm 的圆形灼伤缺损，如图 6-18所示。

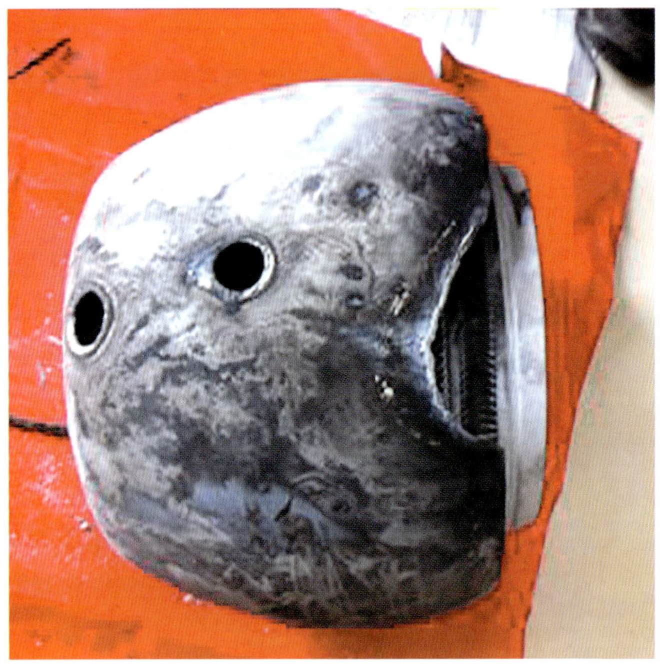

图 6-18　故障母线中触头烧损情况

（三）母线中橡胶条情况

现场解体后，在母线罐体底部发现长度为 350 mm、宽度为 2～4 mm、厚度为 3 mm 的黑色橡胶条（见图 6-19），经确认，出现这种情况的原因是闪络时电弧灼烧造成橡胶条表面碳化。

图 6-19　故障母线中橡胶条情况

（四）母线中导体烧损情况

在导体外表面与屏蔽罩半圆形烧损对应位置产生长度为 250 mm、宽度为 200 mm 的烧损。主要闪络痕迹集中在距导体端部 100 mm 的位置，如图 6-20 所示。

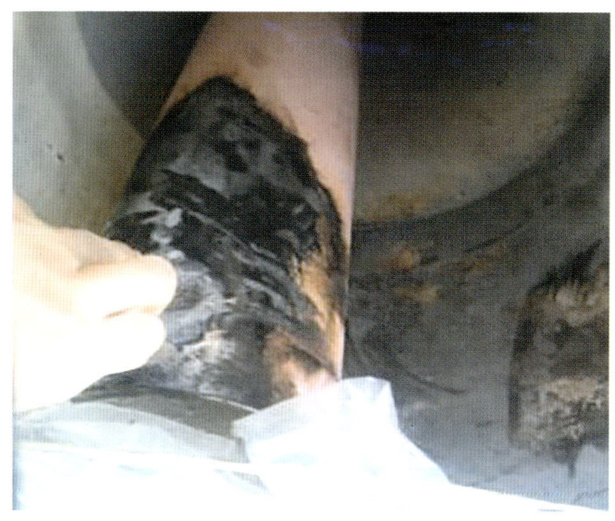

图 6-20　故障母线中导体烧损情况

（五）母线中罐体烧损情况

在罐体内表面与导体烧损对应位置产生约达到罐体圆周长度的 1/3、宽度为 350 mm 的烧损。主要闪络痕迹集中在距法兰口 250 mm 的位置，如图 6-21 所示。

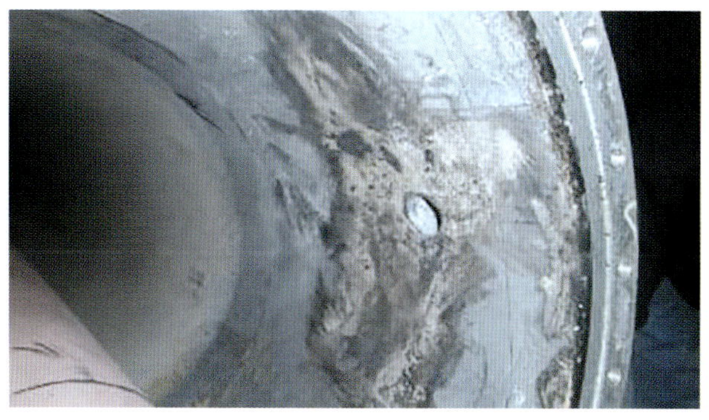

图 6-21　故障母线中罐体烧损情况

(六)触头中缓冲胶垫损坏情况

触头内部缓冲胶垫的 3/4 外圆周损坏，且损坏位置的尺寸与罐体内部的橡胶条长度吻合，如图 6-22 所示。

图 6-22　故障母线中触头缓冲胶垫损坏情况

四、现场故障处理

(1)对发生闪络的 500 kV 交流场至＃62M 之间封闭母线＃5 气室的母线现场进行了更换。

(2)由于 5051 断路器 C 相气室中 SF_6 的分解产物只有 SO_2、CO 而无 HF、H_2S 这两种典型的闪络故障特征气体，因此认定该气室中分解产物为正常开断时产生的，并无故障产生，无须对其进行处理。

五、故障原因分析

(一)闪络产生过程

对现场故障母线进行解体后，通过触头屏蔽罩、导体、罐体、盆式绝缘子烧损情况的观察分析，可认定本次闪络的起始点为触头屏蔽罩烧损开口处与罐体内表面，如图 6-23 所示。在屏蔽罩开口处及其对应的导体位置以及其下方罐体内壁也有明显的闪络痕迹。电弧在该位置产生后，向电场较薄弱的触头屏蔽罩中部移动，造成触头屏蔽罩中部的圆形烧损。该电弧在电动力的作用下沿触头屏蔽罩向盆式绝缘子方向移动，电弧到达盆式绝缘子后受其阻挡，将盆式绝缘子表面及触头屏蔽罩底部烧伤。

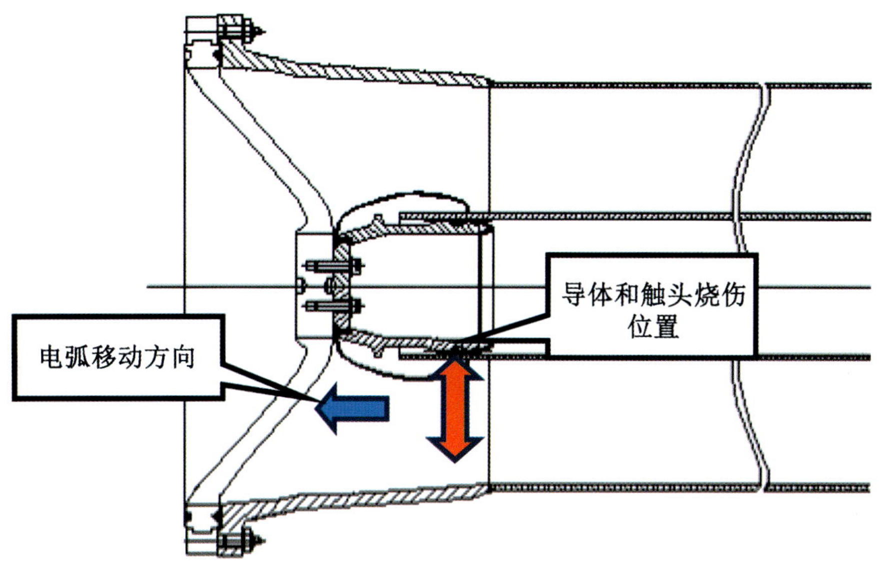

图 6 23　故障原因分析图解

若闪络起始点在盆式绝缘子位置产生，仅会对盆式绝缘子沿面和触头屏蔽罩底部造成烧伤，触头屏蔽罩开口位置不会烧损，也不会在触头屏蔽罩上产生 3 处明显的烧损痕迹。

（二）闪络产生原因

现场解体时，在罐体内部发现有橡胶条，该橡胶条为触头内部缓冲胶垫损坏脱落产生的。结合上述闪络产生原因及各部件的烧损情况（橡胶条原为白色，经电弧烧损后变为黑色），可断定橡胶条为本次闪络的产生原因。该橡胶条在外力作用下，从触头屏蔽罩与导体间的缝隙旋出（触头屏蔽罩开口直径为 196 mm、导体外径为 184 mm、间隙为6 mm），气隙绝缘就变成了固体绝缘，该处的电场发生变化而产生对地绝缘破坏，引发了本次闪络故障。

为了验证上述分析的正确性，国网山东省电力公司检修公司运检部和新东北公司进行了相关的模拟试验，具体如下：

（1）沿缓冲垫外缘剪下橡胶条，模拟现场情况。其长度为 350 mm、宽度为 2～4 mm、厚度为 3 mm，如图 6-24 所示。

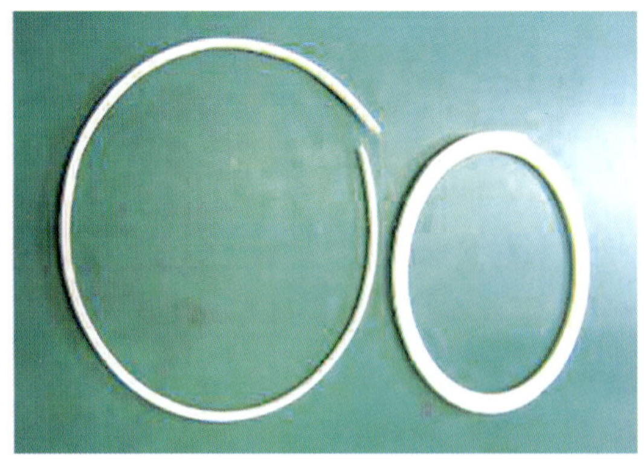

图 6-24　自制备件橡胶条

(2)模拟现场情况,将橡胶条固定在触头屏蔽罩上,如图 6-25 所示。

图 6-25　将橡胶条固定在触头屏蔽罩上

(3)将触头安装到母线中,如图 6-26 所示。

图 6-26　将触头安装到母线中

(4)对该母线进行工频耐压试验,如图 6-27 所示。

图 6-27　对该母线进行工频耐压试验

在工频耐压试验中,将试验电压升高至 337 kV 时,发生对地闪络,闪络前其局部放电值为 20 pC。对试验母线解体检查时发现,在触头、导体和罐体中均有闪络痕迹,其位置与现场闪络位置基本一致。具体闪络痕迹如下:

①导体外表面上的闪络痕迹。

②罐体内表面上的闪络痕迹。

③触头屏蔽罩外表面上的闪络痕迹。

该试验基本再现了现场闪络的情况，验证了现场产生闪络的原因与国网山东省电力公司检修公司分析的闪络原因是一致的。

(三)橡胶条产生原因

引起本次闪络故障的橡胶条为触头内部橡胶缓冲垫的一部分，该橡胶缓冲垫安装在导体与触头之间(见图 6-28、图 6-29)，起到在运输过程中防止触头和导体间磕碰的缓冲作用。该橡胶缓冲垫的材质为 70 度三元乙丙橡胶，尺寸外径为 180 mm、内径为152 mm、厚度为 3 mm。其物理性能如表6-12所示。

表 6-12　　三元乙丙橡胶的物理性能

序号	项　目	单位	性能指标		测试标准
			70 度级	80 度级	
1	密度	g/cm^2	1.12±0.02	1.2±0.01	ISO 2781
*2	硬度(邵氏 A 型)	度	70±5	80±5	GB/T 531
3	扯断强度	MPa	≥12	20±3	GB/T 528 Ⅰ型哑铃型试样
4	扯断伸长率	%	≥250	300±25	GB/T 528 Ⅰ型哑铃型试样
5	压缩耐寒系数 (压缩 20%，−45 ℃)	—	>0.45	—	GB/T 6034
6	热空气老化(120 ℃×24 h) 硬度(邵氏 A 型)变化 扯断强度变化率 扯断伸长率变化率(减小)	 度 % %	 −2～+8 −10～+12 ≤25	 0～+8 −10～+12 ≤25	 GB/T 531 GB/T 528 GB/T 528
7	脆性温度	℃	≤−60	≤−50	GB/T 1628
8	压缩永久变形 (100 ℃×70 h) 压缩 25%	%	≤20	≤30	GB/T 7759
9	耐臭氧老化 (温度 40 ℃，拉伸 50%， 臭氧浓度体积分数 1×10^{-4})(10 mg/L)	—	10 h 不裂	10 h 不裂	GB/T 7762

续表

序号	项　　目	单位	性能指标		测试标准
			70 度级	80 度级	
*10	耐真空硅脂(7501) (120 ℃×24 h) 体积变化率	%	−2～+3	−2～+3	GB/T 1690
*11	检验材质	—	符合三元乙丙橡胶红外光谱解析		GB/T 7764

图 6-28　缓冲垫位置

图 6-29　缓冲垫安装完成图

通过橡胶条的产生位置和形状，应为导体(导体的内径为 170 mm、外径为 184 mm、内径倒角 *R*2、外径不倒角)和触头限位台(限位台的直径为 178 mm)发生挤压而产生的。

母线在厂内装配导体时，必须按照相关工艺流程，使用一系列工装器具来保证装配质量。这样可保证导体与触头装配对中，在装配过程中两者间不会产生较大的冲击力。导体装配规范如图 6-30 所示。

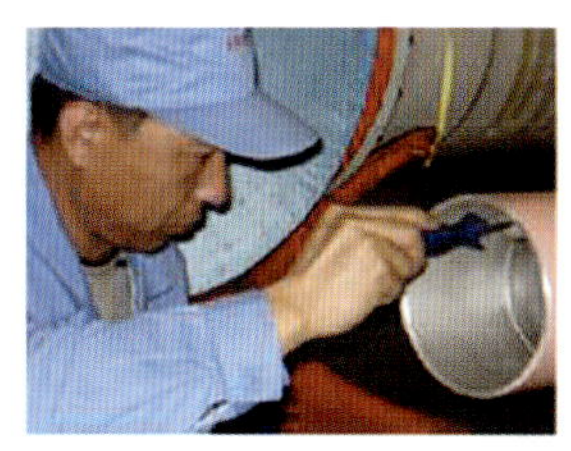

(a)在导体的内表面镀膜层薄薄地、均匀地涂上 OKS VP980 润滑脂

(b)将 94375 装配工具放在罐体的法兰处，一半伸入罐体内。用手按住装配工具，将导体置于 94375 装配工具上，向内推动导体。当导体进入罐体的一半时，松开装配工具，使装配工具与导体一起进入罐体内。当导体接触到盆式绝缘子的触头时，将导体对正触头，用力推

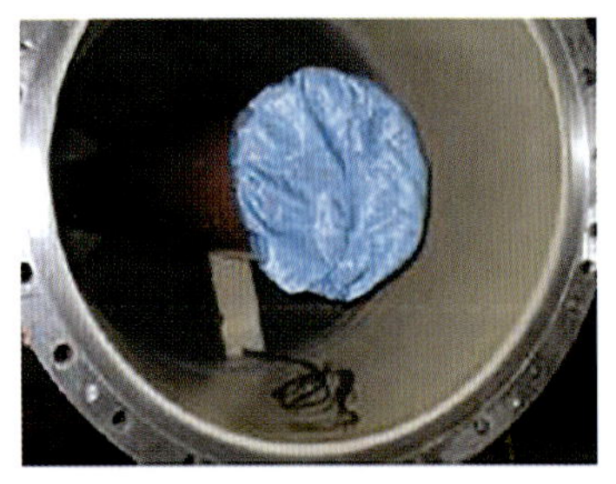

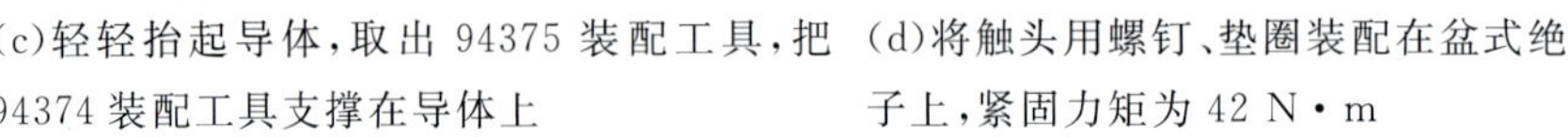

(c)轻轻抬起导体，取出 94375 装配工具，把 94374 装配工具支撑在导体上

(d)将触头用螺钉、垫圈装配在盆式绝缘子上，紧固力矩为 42 N·m

图 6-30　导体装配规范

橡胶缓冲垫的挤压会在运输和现场装配时产生。在运输过程中，由于急刹车使导体和触头强烈撞击，造成橡胶缓冲垫损坏，产生橡胶条。在现场安装过程中，可能存在安装工器具使用不规范，造成触头和导体对中偏差，导致橡胶缓冲垫损坏，产生橡胶条。

综上所述，本次闪络故障的原因为母线在运输过程中，由于急刹车使导体和触头强烈撞击或在现场安装过程中，可能存在安装工器具使用不规范，造成触头和导体对中偏差，导致橡胶缓冲垫损坏或产生橡胶条。该橡胶条掉落在触头屏蔽罩中，在现场安装时未被发现，由于该触头与充气接头距离较近，在母线抽真空的过程中，将橡胶条从触头屏蔽罩中吸出，由于露出的长度较短，在现场耐压时未发生闪络，在设备投运后，由于设备振动和重力等原因，橡胶条的外露长度逐渐增大，造成最终的闪络故障。

(四)其他相关试验

为了排除本次闪络故障受其他因素的影响，对现场闪络的盆式绝缘子清理后进行了探伤试验和电性能试验。电性能试验：SF_6 充气压力0.4 MPa (20 ℃表压)，工频耐压 740 kV 1 min，在 381 kV 下进行局放试验，局放值不大于 3 pC。试验通过未发现异常，排除了盆式绝缘子的影响，试验过程如下：

(1)盆式绝缘子清理过程如图 6-31 至图 6-34 所示。

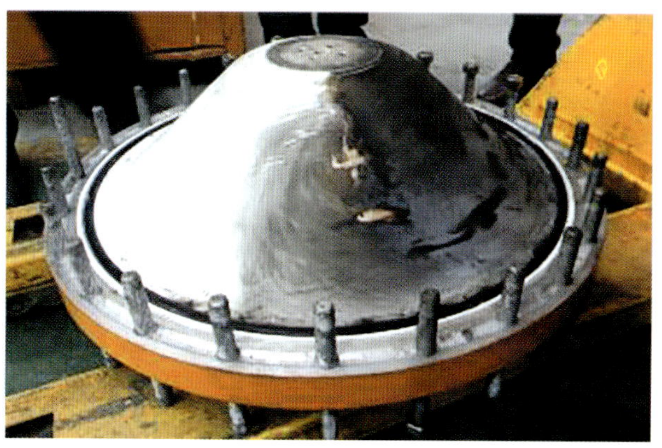

图 6-31　未清理前

图 6-32　去除表面碳化物

图 6-33　表面打磨

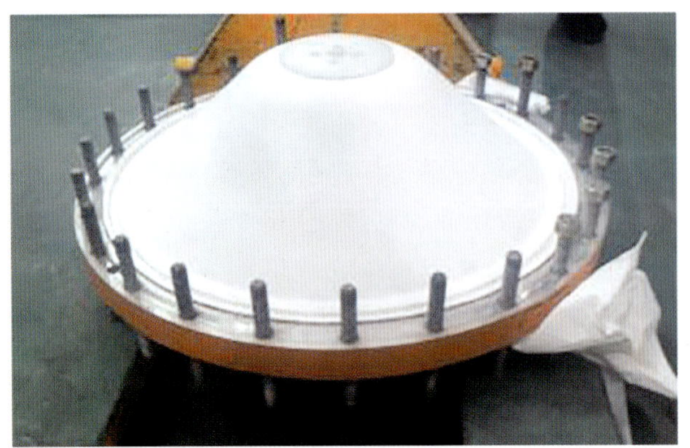

图 6-34　清理后

(2)盆式绝缘子 X 射线探伤,如图 6-35 所示。

图 6-35　盆式绝缘子 X 射线探伤

(3)盆式绝缘子电性能试验,如图 6-36 所示。

图 6-36　盆式绝缘子电性能试验

六、改进及防范措施

(1)新东北公司要对运抵安装现场的设备上安装的振动指示器和冲击记录仪的振动情况进行详细记录，对于现场发现的超标产品，必须依据厂内相关文件的规定、要求进行相关检查，不合格产品返厂处理。对于检查的过程和结果，应进行详细记录，并归档备查。

(2)新东北公司应加强现场的安装工艺纪律，严格按照相关产品的安装工艺流程进行现场安装，并对现场安装过程中出现的异常进行记录并复查，避免类似情况的发生。

(3)公司对某±660 kV 直流换流站的在运组合电器进行全面的带电检测。本次检测由高校、先进仪器厂家以及检修公司的检修、运行人员全面参与完成，重点对相同位置的盆式绝缘子进行超声波、特高频检测，对在运组合电器进行红外测温、红外检漏工作。目前该项工作已经完成，未发现异常。

(4)结合设备年度检修，选取 2 处结构相同的母线进行解体检查，观察是否有类似情况发生。

第四节　某±660 kV 直流换流站 5623 小组滤波器 C 相开关灭弧室炸裂故障分析

一、事件概述

2015 年 1 月 24 日 19:30，银东直流系统的功率由 4000 MW 降至 2800 MW 的过程中，5623 小组滤波器自动切除时，C 相开关灭弧后电弧复燃，引发小组零序过流保护动作，启动大组母线失灵，触发母线失灵保护动作，跳开 5051、5052 开关，切除第二大组交流滤波器。

二、故障描述

(一)故障前的运行方式

(1)银东直流系统以双极大地回线方式运行，系统的输送功率正在从 4000 MW 下降至 2800 MW，故障时刻的功率为 3100 MW。

(2)500 kV ＃1、＃2 母线运行正常，东崂Ⅰ、Ⅱ线，东琅Ⅰ、Ⅱ线，东泽Ⅰ线运行正常，5611、5613、5614、5615、5621、5624、5625、5632、5633、5634 交流滤波器运行正常，5621、5622、5611、5612 并联电容器处于热备用状态，状态

正常。

(二)故障后的运行方式

(1)银东直流双极直流系统的输送功率为 3100 MW,以双极大地回线方式运行,交换无功功率－180 MVar(吸收)。

(2)500 kV ＃1、＃2 母线运行正常,东崂Ⅰ、Ⅱ线,东琅Ⅰ、Ⅱ线,东泽Ⅰ线运行正常,5611、5612、5613、5614、5615、5631、5632、5633、5634 交流滤波器运行正常,5624、5625 开关跳闸并锁定,5051、5052 开关跳闸并锁定。

(三)事件告警信息记录

事件告警信息记录如表 6-13 所示。

表 6-13　　事件告警信息记录

时间	主/从	控制系统	事件报文
19:30:00:325	主/从	直流站控	无功控制 Q 控制切除滤波器/电容器组——产生
19:30:00:515	主/从	直流站控	5623 开关分位——产生
19:30:00:975	主/从	直流站控	5623 开关 SF_6 压力低报警——产生
19:30:01:125	主/从	直流站控	5623 开关 SF_6 低气压闭锁——产生
19:30:01:133	主/从	直流站控	5623 开关第一组控制回路断线——产生
19:30:01:134	主/从	直流站控	5623 开关第二组控制回路断线——产生
19:30:07:495	主/从	直流站控	5623 开关合位——消失
19:30:09:830	主/从	直流站控	5623 电容器第一套保护动作——产生
19:30:09:832	主/从	直流站控	5623 电容器第二套保护动作——产生
19:30:09:846	主/从	直流站控	5623 开关已锁定
19:30:09:876	主/从	直流站控	ACF2 大组保护屏 A 失灵保护动作——产生
19:30:09:880	主/从	直流站控	ACF2 大组保护屏 B 失灵保护动作——产生
19:30:10:97	主/从	直流站控	ACF2 第四小组第二组出口跳闸
19:30:10:101	主/从	直流站控	ACF2 第四小组第一组出口跳闸

续表

时间	主/从	控制系统	事件报文
19:30:10:111	主/从	直流站控	ACF2 第五小组第二组出口跳闸
19:30:10:113	主/从	直流站控	ACF2 第五小组第一组出口跳闸
19:30:10:114	主/从	交流站控	5051 开关第一组出口跳闸
19:30:10:116	主/从	直流站控	5624 开关分位——产生
19:30:10:119	主/从	交流站控	5051 开关第二组出口跳闸
19:30:10:121	主/从	交流站控	5051 开关第一组出口跳闸
19:30:10:126	主/从	交流站控	5051 开关第二组出口跳闸
19:30:10:129	主/从	直流站控	5625 开关分位——产生
19:30:10:132	主/从	交流站控	5051 开关分位——产生
19:30:10:142	主/从	交流站控	5052 开关分位——产生
19:30:13:725	主/从	直流站控	无功控制 Q 控制投入滤波器/电容器组——产牛
19:30:14:013	主/从	直流站控	5611 开关合位——产生
19:30:24:124	主/从	直流站控	无功控制 Q 控制投入滤波器/电容器组——产生
19:30:24:367	主/从	直流站控	5612 开关合位——产生

三、现场检查情况

(一)一次设备检查情况

运行人员到达现场后发现,5623 开关 C 相负荷侧触头绝缘瓷瓶已完全破坏(见图 6-37),5623 开关 C 相灭弧室飞散的碎片(见图 6-38)将 5623 的 A 相支柱绝缘瓷瓶破坏。在 25 日再次组织的细致检查中,确认受影响的范围为 5623 小组开关 C 相、A 相支柱绝缘子。

图 6-37　5623 开关 C 相

图 6-38　5623 开关 C 相灭弧室碎片

(二)二次设备检查情况及分析

5623 交流滤波器(SDR-101A/R1)保护屏 1、2:跳闸灯亮,液晶屏显示零序过流 2 段跳闸。

#62M 母线(SDZ-101A/R1)大组保护屏 1、2:小组三失灵跟跳、小组三失灵保护动作。

第一大组故障录波器启动,故障录波显示 5623 交流滤波器 C 相接地侧电流值(二次)为 0.414 A,大于定值 0.323 A,零序过流 2 段保护动作正确,

5623 断路器 C 相显示电流为 0.207 A，大组失灵定值为 0.101 A，大组失灵保护动作正确。

1. 检查两套 5623 小组滤波器保护装置

两套 5623 小组滤波器保护装置均动作，且报文显示一致——“2015－01－24 19:30:02:809 零序过流 2 段保护动作 7032 ms”，即该时刻小组保护检测到零序过流，且触发保护动作，发出启动失灵信号。

2. 检查两套＃62M 母线保护装置

两套＃62M 母线保护装置显示报文内容一致——“2015－01－24 19:30:09:861 小组三失灵跟跳”“小组三失灵保护动作”，即该时刻大组母线保护收到 5623 小组失灵开关量信号输入，且判据满足跟跳 5623，后跳进线开关 5051、5052。

3. 检查故障录波器

2015 年 1 月 24 日 19:30:00:513，5623 开关三相分闸到位，且已熄弧。但是通过波形发现，C 相在 52 ms 和 59 ms 后两次电弧复燃，如图 6-39 所示。

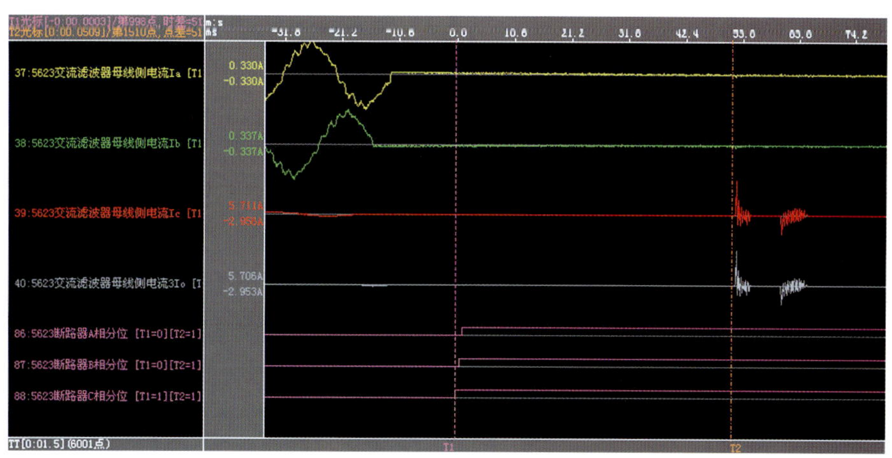

图 6-39　5623 分位变位启动录波

2015 年 1 月 24 日 19:30:09:827，两套小组滤波器保护零序过流 2 段动作，A、B 两相均无电流，而 C 相电流为稳定持续的正弦波，基波有效值为 0.412 A（二次值）。根据小组保护装置的报文显示，19:30:02，装置零序过流 2 段启动，至 19:30:09，跳闸满足 7 s 延时。5623 小组保护动作启动录波如图 6-40 所示。

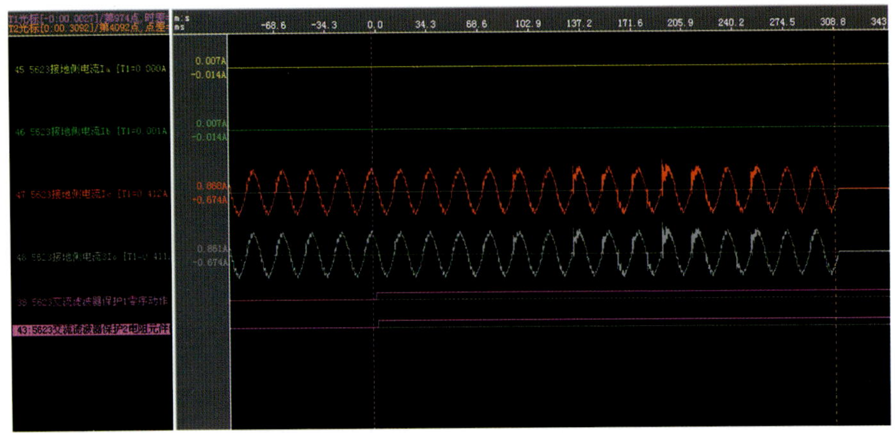

图 6-40　5623 小组保护动作启动录波

(1)零序过流 2 段保护定值为 0.323 A,延时 7 s 跳闸。波形图中,C 相电流大于定值,且经过了 7 s 延时,零序过流保护动作正确。

(2)小组失灵电流定值为 0.101 A,延时 250 ms。装置显示,故障时刻 C 相故障电流为0.207 A,大于定值,母线失灵保护动作正确。

故障录波显示的整个故障时序如图 6-41 所示。

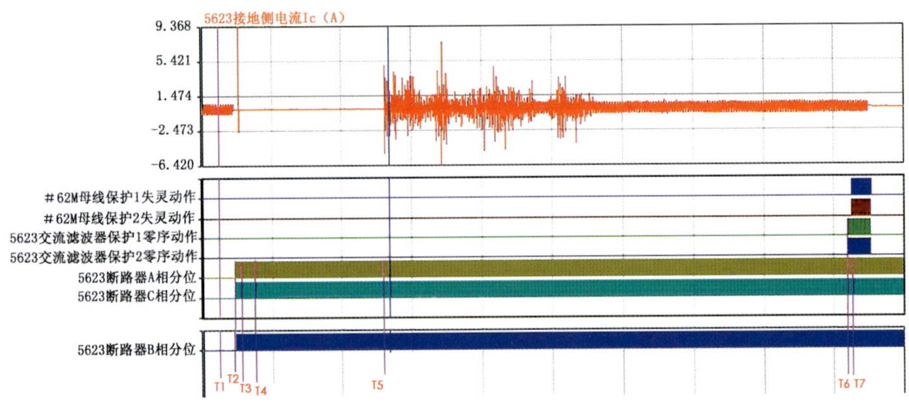

图 6-41　5623 开关 C 相电流、开关位置、保护信号录波图

对图 6-41 中的时间刻度 T1、T2、T3、T4、T5、T6、T7 的说明如下:

T1 时刻,即 19:30:00:325,运行人员后台报"无功控制 Q 控制切除滤波器/电容器组"。无功控制 Q 控制发出切除 5623 并联电容器组的命令。

T2 时刻,即 19:30:00:512,5623 开关分位信号产生。同时,A、B、C 三相电流均降为 0,即分闸完成。

T3 时刻,即 19:30:00:564,5623 开关 C 相因未知原因先后两次发生复燃。

T4 时刻，即 19:30:01:125，5623 开关负荷侧灭弧气室发生爆炸，SF_6 气体全部泄漏，运行人员后台报出“5623 开关 SF_6 压力低闭锁”。

T5 时刻，即 19:30:02:807，5623 小组保护装置 1、2“零序过流 2 段启动”。开关负荷侧断口暴露于空气中，产生电弧电流，两套小组滤波器保护装置的零序过流 2 段启动，开始进行 7 s 延时。

T6 时刻，即 19:30:09:850，5623 小组保护装置 1、2“零序过流 2 段”保护动作出口跳闸，并启动＃62M 母线失灵保护。7 s 内，保护装置连续检测到故障电流，且其有效值为 0.412 A，大于定值 0.323 A，两套小组保护装置动作出口跳闸，同时启动＃62M 母线失灵保护。

T7 时刻，即 19:30:09:891，＃62M 母线失灵保护动作。小组失灵开关量信号输入延时 50 ms，＃62M 母线保护失灵保护动作跟跳 5623 开关失败，延时 250 ms，跳开第二大组交流滤波器进行开关 5051、5052，5623 开关 C 相故障电流消失。

四、现场处理措施及原因分析

（一）处理措施

（1）将 5623 小组滤波器转至检修状态。

（2）恢复＃62 母线送电。

（3）1 月 26 日，组织现场施工，更换 5623 三相开关本体。

（二）开关现场解体检查

1. C 相开关本体临时解体检查

拆除 5623 开关 C 相并进行检查，现场检查情况如图 6-42 所示。测量中间触头在气缸上的划痕与断路器分、合闸的尺寸，结果正常。断路器分、合闸到位，滤波器侧灭弧室内的动、静触头有明显的电弧烧蚀痕迹，母线侧灭弧室的静侧法兰上有明显的电弧烧蚀痕迹，在该侧灭弧室内发现异物，在瓷套内壁有放电痕迹。

(a)尺寸检查

(b)静侧触头(滤波器侧灭弧室)检查

(c)动侧触头(滤波器侧灭弧室)检查

(d)动侧触头(母线侧灭弧室)检查

(e)动侧法兰(母线侧灭弧室)检查

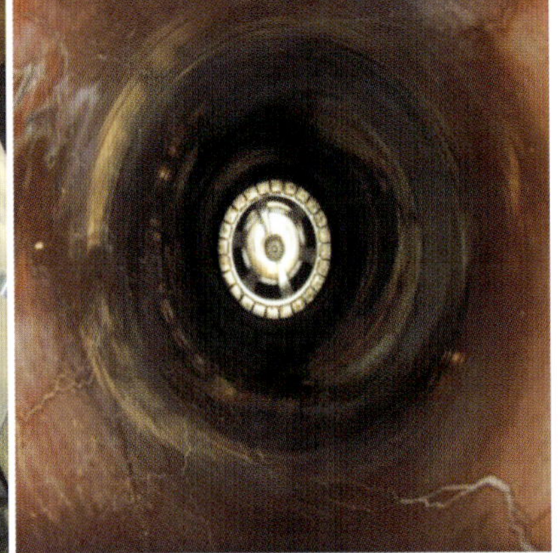

(f)母线侧灭弧室内部检查

图 6-42 开关现场解体检查情况

2. A 相开关本体临时解体检查

打开 A 相一侧灭弧室静侧，观察灭弧室内部(见图 6-43)，发现有微小颗粒状异物，采集样品，进行成分化验。

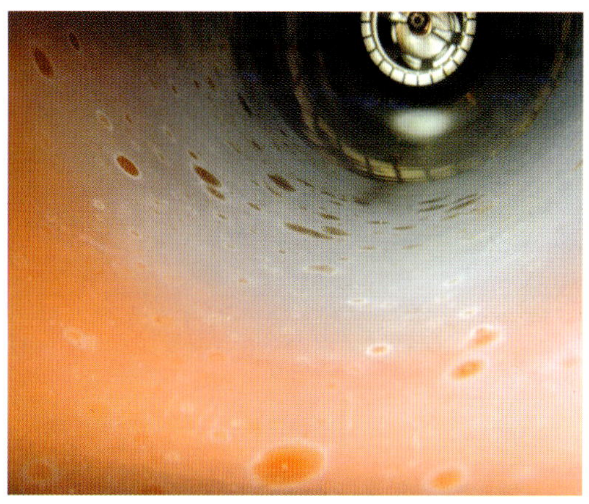

图 6-43　A 相开关灭弧室内部

(三)进一步的原因分析

由于解体检查没有完成，根据目前的情况进行初步判断后认为，在断路器分闸后电弧开断，由于断路器母线侧内部存在异物，绝缘性能下降，分闸后 70 ms 在电压的作用下发生沿瓷壁放电，该侧导通，同时全部电压施加在滤波器侧灭弧室，该侧电压过高，造成对瓷壁放电，导致滤波器侧瓷套炸裂，SF_6 气体开始泄漏，2 s 后由于 SF_6 气体泄漏导致母线侧灭弧室绝缘下降，并且滤波器侧裸露在空气中，在母线电压和电容器电压的叠加作用下，断路器的两个断口被击穿，通过的持续电流约 400 A。19:30:09，上级开关保护动作致跳闸，流经断路器的电流消失。

对于 5623 开关 A 相灭弧室中的异物，可能跟断路器的操作次数较多有关，具体视成分化验结果而定。

第二篇　隐患排查报告

第七章　换流阀及阀控系统深度隐患排查成果报告

第一节　误闭锁直流系统隐患

某±660 kV 直流换流站换流阀的门极单元充电故障越限跳闸保护配置重叠，存在误闭锁直流系统隐患。

一、隐患描述

AREVA(阿海珐)技术换流阀 VBE(阀基电子设备)配置了门极单元充电故障越限跳闸保护。当单阀内门极单元充电故障的晶闸管级数量达到设定值(宁东 5 个，设定值与单阀晶闸管故障闭锁直流系统数量值相同)时，VBE 向极控系统发“Trip”指令，跳闸。

晶闸管级门极单元充电故障的最严重的后果为晶闸管故障。因此，门极单元充电故障越限跳闸保护与晶闸管故障越限保护重叠，增加了直流系统误闭锁的风险。

二、建议整改措施

建议中电普瑞电力工程有限公司与阿尔斯通(Alstom)公司修改 VBE 程序，取消门极充电单元故障越限跳闸逻辑，保留门极充电故障越限告警功能。

第二节　单一元件故障导致直流系统闭锁隐患

某±660 kV 直流换流站换流阀双系统的 VBE BLOCK 信号零电位点与 VBE 电源全丢跳闸串联接地，存在单一元件故障导致直流系统闭锁隐患。

一、隐患描述

VBE BLOCK 均为负逻辑，正常运行时继电器励磁，当 F68701、F68702 两个继电器失磁时，直流系统闭锁。设计回路中将双系统的 VBE BLOCK 继电器回路通过端子并联在一起，端子出现松动将导致系统误闭锁。

二、建议整改措施

建议中电普瑞电力工程有限公司与 Alstom 公司将 VBE 电源全失跳闸回路单独接入 S5005 板，并重新设计 VBE BLOCK 回路，将双系统的 VBE BLOCK 回路设计为冗余回路，避免单个端子松动造成直流系统误闭锁。

第三节　单一元件、回路故障导致直流系统闭锁隐患

某±660 kV 直流换流站换流阀极控系统至 VBE 的通道选择信号单一配置，存在单一元件、回路故障导致直流系统闭锁隐患。

一、隐患描述

VBE 屏接收到极控 A、极控 B 系统发出的 VBE SELECT LANE1、VBE SELECT LANE2 后，将它们经 PL1 接口输入背板，VBE 通过此信号跟随值班极控系统，回路如图 7-1 所示。

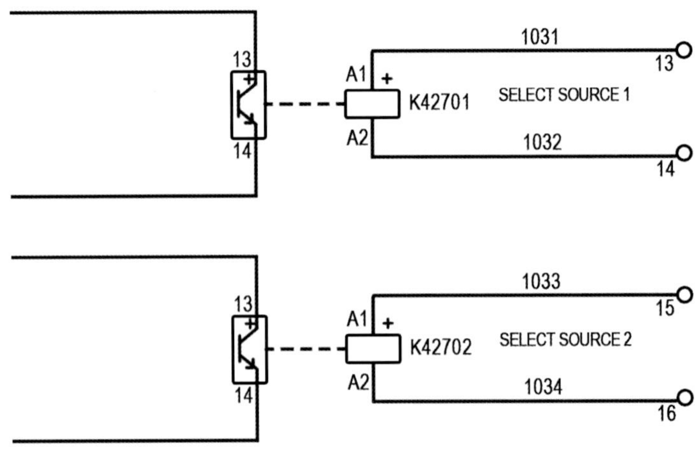

图 7-1　极控系统至 VBE 系统的通道选择信号回路

在正常运行工况下，冗余的极控系统应一个为值班状态、一个为备用状态，K42701、K42702 两个继电器有且仅有一个励磁。若励磁的继电器因为

继电器故障或回路松动，导致 VBEA、VBEB 系统监测到 VBE SELECT LANE1 和 VBE SELECT LANE2 同时变为 0 或 1，则延时 5 ms 发 TRIP 信号闭锁直流系统，同时发通道非法切换事件信号。

二、建议整改措施

建议将极控系统送至阀控系统的值班信号由单通道加强为双通道冗余的方式。阀控系统检测到双通道信号不一致时，应进行系统切换。

第四节　后台监控系统误报、漏报隐患

某±660 kV 直流换流站换流阀 VBE 至后台监控系统的报警存在误报、漏报隐患。

一、隐患描述

某±660 kV 直流换流站 OWS 频繁报出“门极单元拒收触发信号”“VBO 动作”“门极充电故障”“晶闸管故障”等信息。经初步分析，原因如下：①VBE 报警数据无流量控制功能，EDW120 固件无法适应工程中的大量通信数据。②由于 S5005 板卡中的12 V高频触发信号对 5 V 回报信号产生电磁干扰，导致 VBE 报警数据频繁出现数据失真。

二、整改措施

(1)升级 EDW120 的固件版本，增加数据流量控制功能，增加 DMA(直接存储器访问)功能。在 S5005 固件中增加通信数据流量控制功能，增大先入先出存储器的容量，提升 S5005 和 EDW120 之间的通信匹配度。

(2)对 S5005 板卡进行硬件升级，将 S5005 板卡中的 12 V 触发信号改为 5 V 信号。

(3)对监控系统增加报文合法性检查，屏蔽不符合通信规约的事件信息，避免误报事件的发生。

此整改措施在 2011 年 10 月 21 日双极轮停隐患治理期间已经实施，截至目前，运行稳定。

第五节　电解电容使用寿命及防火能力不满足换流阀运行要求隐患

某±660 kV 直流换流站换流阀门极板使用电解电容，存在使用寿命及防火能力不满足换流阀运行要求隐患。

一、隐患描述

某±660 kV 直流换流站换流阀门极板采用电解电容作为储能电容，如图 7-2 所示。现无法确定该电解电容的使用寿命、防火能力是否满足在阀塔上长期运行的要求，且试运行期间该电解电容出现过漏液现象。

图 7-2　门极板储能电容

二、建议整改措施

建议中电普瑞电力工程有限公司与 Alstom 公司对此电解电容的使用寿命、防火等级进行分析，讨论是否需要更换此类电解电容。运维单位跟踪统计损坏率，如果损坏数量过多，则考虑要求厂家重新设计后进行整体更换。

第六节　单一元件故障导致控制系统失去冗余隐患

某±660 kV 直流换流站换流阀极控系统与 VBE 接口装置采用单电源板卡供电，存在单一元件故障导致控制系统失去冗余隐患。

一、隐患描述

控制保护系统为了与 AREVA 技术的换流阀进行配合，每个系统都配置了一台阀控接口装置，如图 7-3 所示。接口装置采用一块电源板供电，电源板故障将导致极控系统和对应的 VBE 系统退出运行，不满足控制保护系统的冗余要求。

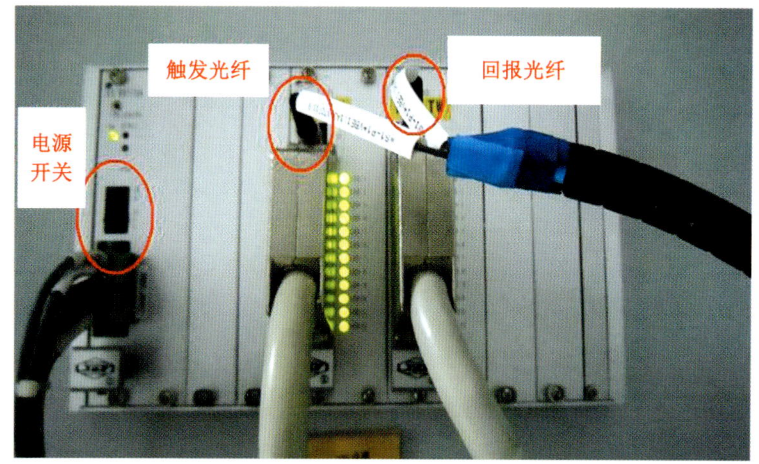

图 7-3　极控系统与 VBE 系统接口装置

二、建议整改措施

要求许继集团有限公司对此装置进行改造，加装一块电源板卡。

第七节　避雷器动作情况分析隐患

某±660 kV 直流换流站换流阀避雷器计数器无就地计数指示，无法与后台的避雷器动作次数进行比较，存在避雷器动作情况分析隐患。

一、隐患描述

AREVA 技术的换流阀中每个单阀都并联一个阀避雷器，阀避雷器动作后，计数器输出 10～80 ms 的光脉冲信号，经过光电转换和信号处理后，变为 10 ms 宽、110 V 的电脉冲信号，供控制系统处理并通过后台进行报警。因阀避雷器无就地计数指示，当远传计数器故障或光信号回路受干扰产生阀避雷器动作信号时，运维人员无法判定是避雷器的真实动作还是计数回路故障，现场需将阀避雷器与阀塔连线断开后方可进行避雷器试验，确认故障点，这增大了现场的故障处理难度，延长了处理时间。阀避雷器计数回路的原理如图 7-4 所示。

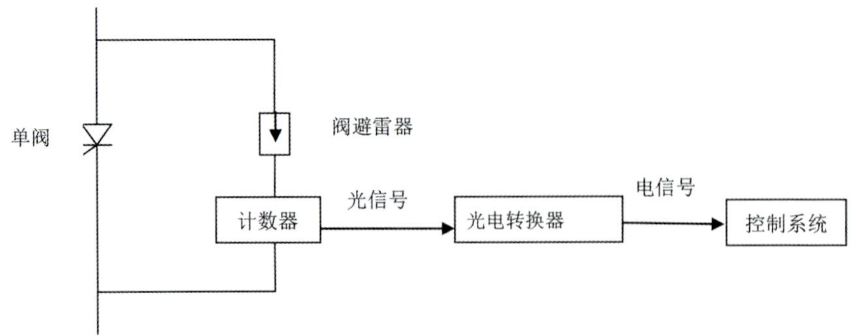

图 7-4　阀避雷器计数回路的原理

二、建议整改措施

建议中电普瑞电力工程有限公司与 Alstom 公司讨论阀避雷器增加就地动作计数器的方案，以便在实际使用中与 OWS 发出的避雷器动作报警信号进行比较，确定避雷器是否在真正动作，快速进行故障定位并处理缺陷。

第八节　晶闸管故障隐患

某±660 kV 直流换流站换流阀门极单元故障率高，门极单元工作不稳定，存在晶闸管故障隐患。

一、隐患描述

使用 AREVA 技术换流阀的换流站均会出现大量的换流阀事件报文，如“门极回报异常”“门极单元充电故障”“拒收触发脉冲”“VBO 动作”“晶闸管故障”等报警。根据报警信号在现场检查 GU(门极单元)板及分压板，发现部分门极板或分压器板的焊接工艺存在较大问题，比较明显的问题为针脚弯曲与相应针脚没有焊锡，具体情况如图 7-5 所示。

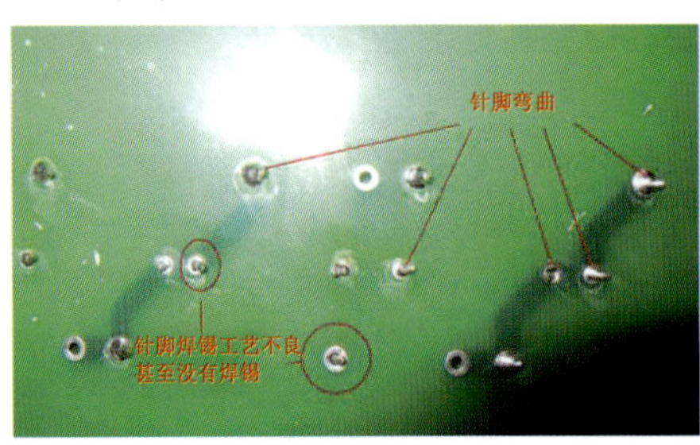

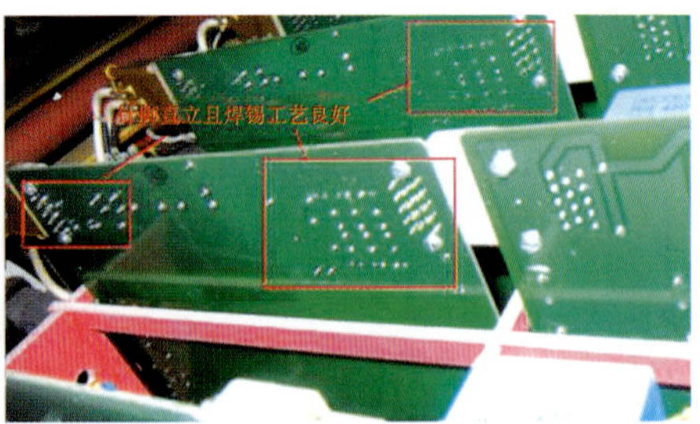

图 7-5　门极单元焊接工艺问题

二、建议整改措施

建议运维单位收集运行时的报警信息，由中电普瑞电力工程有限公司在年度检修期间配合运维单位对产生报警信息及试验不稳定的门极单元进行检查，排除针脚弯曲或没有焊锡的情况，及时更换异常GU板。

第九节 晶闸管VBO频繁动作及损坏晶闸管隐患

某±660 kV直流换流站换流阀的施工工艺存在缺陷，存在晶闸管VBO频繁动作及损坏晶闸管隐患。

一、隐患描述

某±660 kV直流换流站存在厂内装配质量和施工质量问题，出现过由组件分压电容接线松动导致的晶闸管VBO频繁动作，以及屏蔽罩等电位线接线松动导致的阀塔放电异常。

二、建议整改措施

建议中电普瑞电力工程有限公司提供厂内装配记录，分析有无装配质量隐患。同时，利用停电检修机会对安装问题进行检查，排除隐患。

第十节 保护误动、拒动隐患

某±660 kV直流换流站换流阀VBE保护定值无试验、核对手段，存在保护误动、拒动隐患。

一、隐患描述

某±660 kV直流换流站换流阀现配置了晶闸管故障越限跳闸和门极充电故障越限跳闸保护，两个保护均设置为单阀计数5个阀发“Trip”指令。这两个保护在现场未进行试验，且无法查看定值。如果定值设定错误，可能出现计数还未到5个即闭锁直流系统或超过5个还未闭锁直流系统导致换流阀出现雪崩击穿的隐患。

二、建议整改措施

建议中电普瑞公司进一步分析研究，取消门极故障越限跳闸保护。

第十一节　测试功能不全、工作不稳定隐患

某±660 kV 直流换流站换流阀阀试工具存在测试功能不全、工作不稳定隐患。

一、隐患描述

AREVA 技术的换流阀配置两种测试工具：VTE（阀测验装置）和 Reduced Weight VTE（便携式阀试验装置）。其中 VTE 装置为全功能测试仪，可进行电源储能、VBO 耐受电压和电源快速充电、VBO 保护触发等试验。此装置工作不稳定，部分晶闸管级需反复改变换流阀外部接线方式（断开与恢复单阀接地）才能进行试验，试验结论不能真实地反映换流阀性能，不利于对晶闸管级进行状态分析。Reduced Weight VTE 装置功能不全，无法进行充电时间、电源储能、VBO 触发等试验项目，在未更换元器件时能较好地验证晶闸管级元件好坏，在更换元器件（如门极单元 GU、晶闸管）后，无法验证 GU 板定值（VBO 定值、dv/dt 保护[电压变化率保护]定值等）是否正确。

二、建议整改措施

建议中电普瑞电力工程有限公司进一步分析研究 VTE 装置，增加其工作稳定性。同时，只配置 Reduced Weight VTE 装置的换流站，应增加 VTE 装置的配置，以便在换流站停电检修期间掌握、分析晶闸管状态。

第十二节　单板卡故障导致直流系统闭锁隐患 1

某±660 kV 直流换流站换流阀阀控系统的光触发、光接收板 S5014 无法实现冗余配置，存在单板卡故障导致直流系统闭锁隐患。

一、隐患描述

换流阀阀控系统的光触发、光接收板 S5014 负责向 8 只晶闸管发送触发脉冲，并接收其发送的回报信号，无法实现冗余配置。单块 S5014 板卡故障将导致 VBE 系统判断单阀的 8 只晶闸管故障（晶闸管故障越限数量为 5）而闭锁直流系统，因此，存在单一元件故障导致直流系统闭锁隐患。

二、建议整改措施

其他技术路线的换流阀均存在此问题，建议保持现有设计。

第十三节　单板卡故障导致直流系统闭锁隐患2

某±660 kV直流换流站换流阀阀控系统的背板S5006无法实现冗余配置，存在单板卡故障导致直流系统闭锁隐患。

一、隐患描述

S5005板卡与S5014板卡之间的通信通过S5006背板完成，部分S5005板卡与外部的信号也需要通过S5006板卡完成。S5006背板上的配置为：①电源接口。S5005板卡和S5014板卡多从S5006背板上取能，背板上有5 VA、5 VB、12 VA、12 VB、24 VA、24 VB、0 VA和0 VB电源节点。②机箱控制阀编号配置电阻。在实际工程中，一个机箱可以控制一个阀，也可以控制几个阀，这个机箱上的S5005板卡通过这个信号和触发字产生相应的触发信号。背板上有12个配置电阻，每个电阻对应一个单阀，配置时将被控阀对应的电阻保留，其他电阻断开处理。③PL1、PL2接线端子。PL1接线端子可以将继电器排上的开关量信号线接入背板，屏柜内的4个机箱间用PL2接线端子互联。因此，只有1A3机箱的PL1接线端子接有信号线。④PL3接线端子。用于接就地复归信号。存在单一元件故障导致直流系统闭锁隐患。

二、建议整改措施

其他技术路线的换流阀均存在此问题，建议保持现有设计。

第八章　阀水冷系统专项隐患排查成果报告

第一节　单接点误动后无监视隐患

某±660 kV 直流换流站阀水冷系统的“双 PLC 故障”和“阀水冷系统停运”信号触发直流闭锁回路采用两个常闭接点串联，单接点误动后无监视，存在隐患。

一、隐患描述

阀内水冷系统要求直流闭锁仅通过外部停机接口屏实现，现场将跳闸、“阀水冷系统停运”和“双 PLC 故障”这三种跳闸信号并联后经压板出口，其中跳闸接点为双路串联，“双 PLC 故障”和“阀水冷系统停运”均为两个常闭接点串联。当长期励磁的继电器故障后，对应的一个接点将闭锁，此时无告警事件上送，仅靠串联的最后一个接点动作，将带来较大隐患。“双 PLC 故障”和“阀水冷系统停运”信号触发直流闭锁回路如图 8-1 所示。

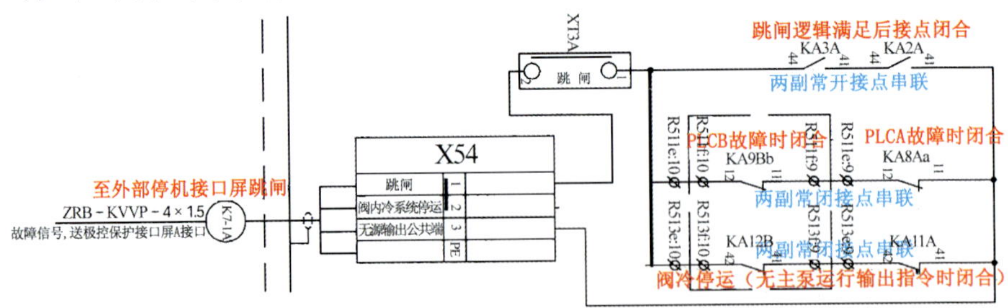

图 8-1　“双 PLC 故障”和“阀水冷系统停运”信号触发直流闭锁回路

二、建议整改措施

建议将软件中的“阀水冷系统运行”信号取反，形成阀水冷系统停运信号，从而通过触发继电器，送至直流闭锁回路，由常闭接点改为常开接点。对于无法改为常开接点的“PLC 故障”信号，增加常闭接点监视功能，当串联的任一常闭接点闭合时，通过继电器的另一个接点都将触发告警，以便于现场人员及时处理。

第二节　保护过度配置隐患

某±660 kV 直流换流站阀内水冷系统的“阀水冷系统停运”信号用于触发直流闭锁，保护过度配置，存在隐患。

一、隐患描述

阀内水冷系统要求直流闭锁仅通过外部停机接口屏实现，现场将跳闸、“阀水冷系统停运”和“双 PLC 故障”这三种跳闸信号并联后经压板出口，如图 8-1 所示。判断软件中 2 台主泵变频运行和工频运行的指令均未发出时，表示 2 台主泵均停运。实际上，PLC 程序中配置了较为严谨的保护跳闸逻辑，当 2 台主泵均未运行时，流量保护、压力保护、温度保护均会出口跳闸，阀内水冷系统跳闸因素存在隐患。

二、建议整改措施

由于阀水冷系统保护软件中有主泵故障的逻辑判断，当 2 台主泵发生工频、变频故障时，保护会动作出口，如图 8-2 所示，建议取消阀水冷系统停运闭锁直流硬件回路。

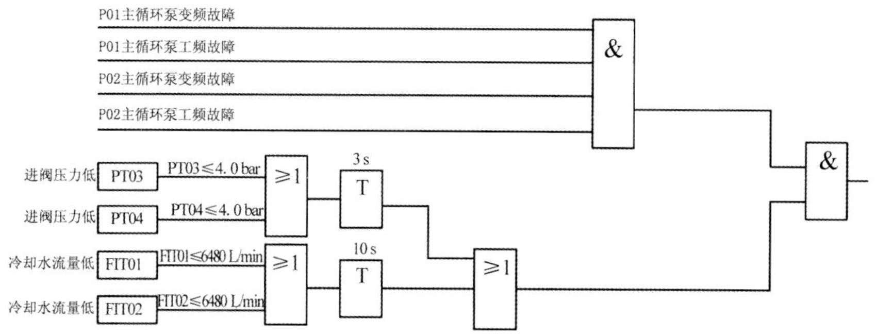

图 8-2　与主泵有关的阀内水冷系统跳闸逻辑

第三节　直流单极闭锁隐患 1

某±660 kV 直流换流站阀外水冷系统 24 V 信号电源取自同一开关，当该开关跳开时，阀外水冷系统的喷淋泵、风机全停，会导致直流单极闭锁。

一、隐患描述

阀外水冷系统所有开关量信号使用的 24 V 开入电源(96 个支路)，均由 5QF26 空气开关提供(见图 8-3)，任一支路发生故障，均可能导致 PLC 双系统所有开入信号丢失，造成直流系统停运。

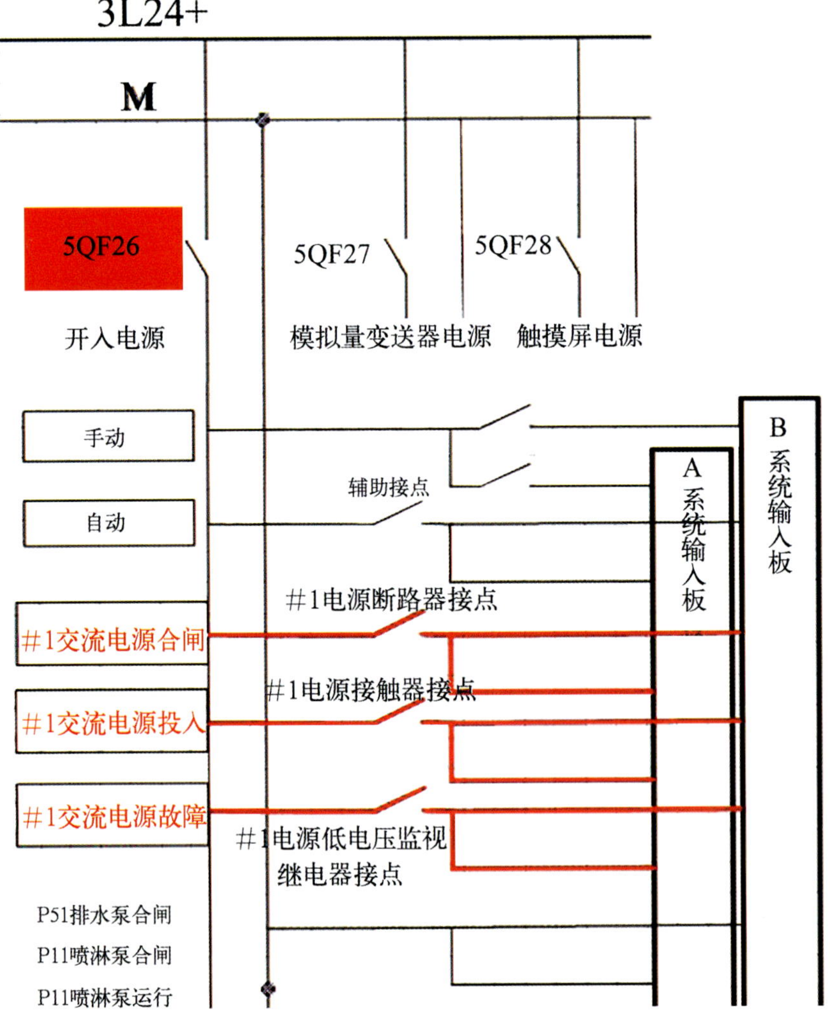

图 8-3　电源开入示意图

二、建议整改措施

建议将 24 V 开入电源改为 4 组，按照 3 组冷却塔的信号回路电源独立，2 路交流电源的信号回路独立的原则设计。其中♯1 冷却塔的开入信号电源和♯1 交流电源的开入信号电源取自 5QF29 空气开关；♯2 冷却塔的开入信号电源和♯2 交流电源的开入信号电源取自 5QF30 空气开关；♯3 冷却塔的开入信号电源取自 5QF34；其他设备的开入信号电源都取自 5QF26。整改建议如图 8-4 所示。

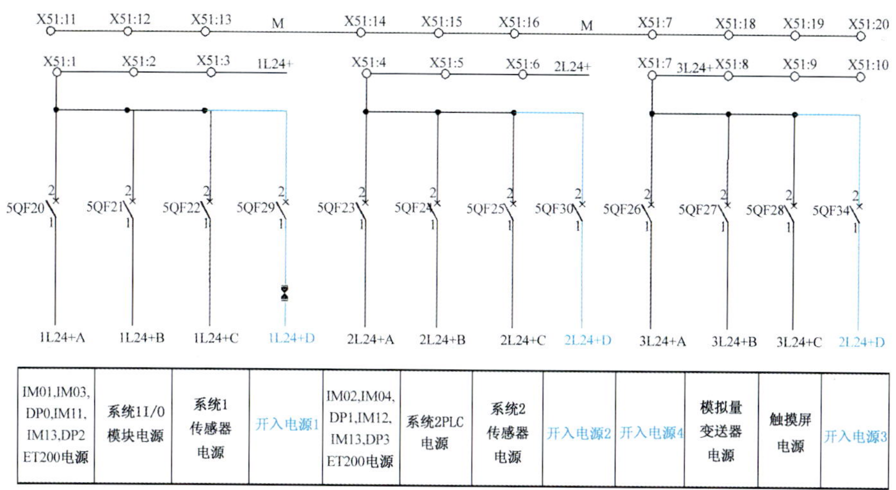

图 8-4　整改建议

据了解，某±660 kV 直流换流站已在 2011 年 10 月 21～26 日双极轮停期间完成整改。

第四节　直流单极闭锁隐患 2

某±660 kV 直流换流站阀外水冷系统 400 V 进线电源切换逻辑及控制回路不合理，当控制回路直流电源丢失或监视回路异常时，两回进线电源掉电丢失，喷淋泵、风扇全停，会导致直流单极闭锁。

一、隐患描述

400 V 交流进线的控制回路是通过软件和硬件结合的方式实现的（包括互锁和切换功能），当 PLC 输出失效时，两回交流进线的控制回路均会掉电，造成 400 V 电源失电。同时两回交流进线的控制回路取自同一路直流电源，当这路直流电源丢失后，也会造成两回交流进线的控制回路掉电。

二、建议整改措施

建议将 PLC 的输出接点短接，取消原有 PLC 关于交流电源控制的逻辑判据，电源切换主要靠硬件判别。为了防止交流电源监视模块本身故障后带来交流母线失电的情况，将原有的 PLC 控制硬件回路与交流电源监视模块的输出接点相并，并增加以下判据：当 2 路交流电源的监视模块输出的故障信号同时有效时，如果之前为♯1 交流电源的接触器闭合，则 PLC 对♯1 交流电源的控制输出使能；如果之前为♯2 交流电源的接触器闭合，则 PLC 对♯2 交流电源的控制输出使能。同时，将两回交流进线电源的控制电源分开。具体如图 8-5 所示。

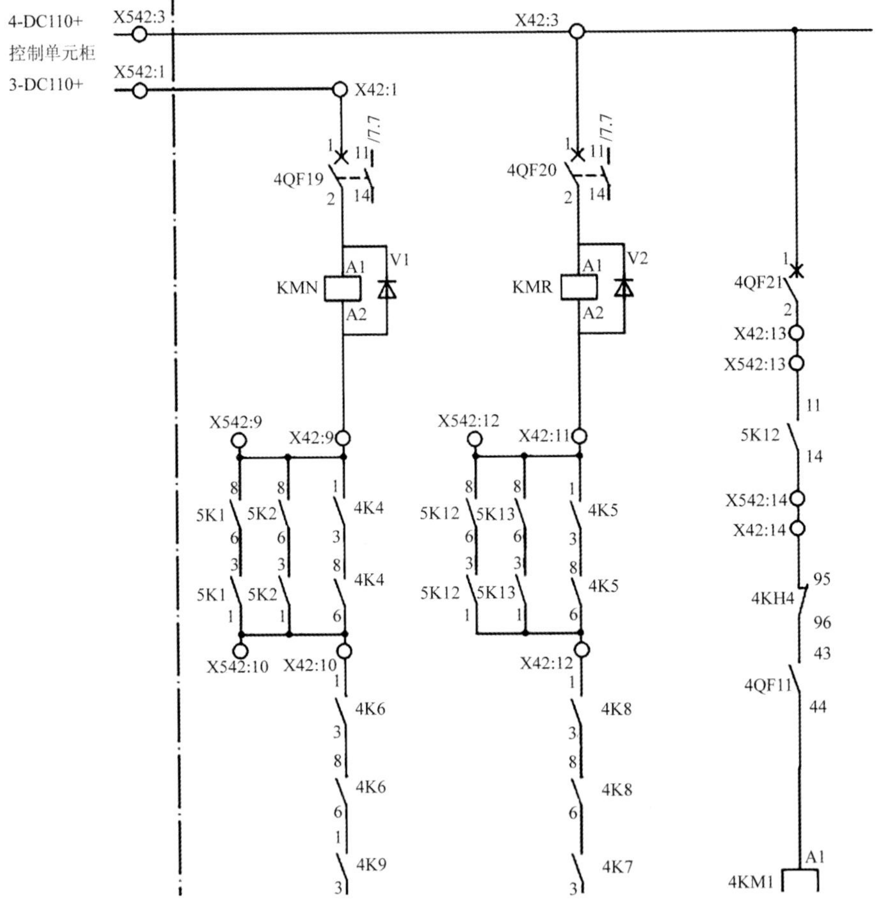

图 8-5　整改建议

据了解，某±660 kV 直流换流站已在 2011 年 10 月 21～26 日双极轮停期间完成整改。

第五节 直流单极闭锁隐患3

某±660 kV直流换流站阀外水冷系统双PLC工作电源取自同一段110 V直流母线，该110 V直流母线故障后，两个PLC将同时掉电，引起喷淋泵、风扇全停，会导致直流单极闭锁。

一、隐患描述

直流电源进线为两路，采用接触器互锁的方式输出一段DC 110 V母线电源，其中A/B系统的CPU工作电源均取自该段DC 110 V母线，采用2个独立的空开进行配置，存在直流母线电源失电后A/B系统CPU同时停止工作，导致阀外水冷系统失去冷却能力的隐患。同时，原有回路的接触器的接点1—2和3—4为串联方式，任何一个接点故障都会导致接触器断开。

二、建议整改措施

建议将原有的一套直流电源切换回路作为阀外水冷A系统的CPU工作电源和控制回路的供电电源，新增一套直流电源切换回路作为B系统的CPU工作电源和控制回路的供电电源，实现A、B系统的DC 110 V电源回路完全双重化。另外，对切换回路进行优化，将接触器的接点1—2和3—4由串联方式改为并联方式，将接点5—6和7—8由串联方式改为并联方式。

据了解，某±660 kV直流换流站已在2011年10月21～26日双极轮停期间完成整改。

第六节 直流单极闭锁隐患4

某±660 kV直流换流站阀外水冷系统所有喷淋泵的控制电源均取自同一段直流母线，该段母线故障后，喷淋泵全停，会导致直流单极闭锁。

一、隐患描述

冷却塔所有喷淋泵控制回路的直流电源为一路，存在直流母线电源失电后喷淋泵同时停止工作，导致阀外水冷系统失去部分冷却能力的隐患。

二、建议整改措施

建议将喷淋泵的控制电源回路由原来的一组电源改为两组，P11、P21和P31喷淋泵电源取自A系统的DC 110 V，P12、P22和P32喷淋泵电源取自B系统的DC 110 V，这样就可避免喷淋泵的控制电源因单端DC 110 V

母线失电后引起所有的喷淋泵停机的情况。同时，可在逻辑上进行改进，设定当 2 台喷淋泵均故障时，保持最后一台泵运行。

据了解，某±660 kV 直流换流站已在 2011 年 10 月 21～26 日双极轮停期间完成整改。

第七节　直流单极闭锁隐患 5

某±660 kV 直流换流站阀外水冷系统的所有负荷共用同一交流母线排，交流母线排故障后将引起喷淋泵、冷却风扇全停，会导致直流单极闭锁。

一、隐患描述

根据国网公司的反措，阀外水冷系统不得共用同一段母线。目前，同一极的所有冷却塔及冷却风扇全部共用同一段母线。

二、建议整改措施

建议彻底对母线进行分段，每极共 3 个冷却塔，每个冷却塔有 2 台喷淋泵（一主一备）和 2 个风扇（同时运行），将 2 台喷淋泵和 2 个风扇分别取至不同母线。

第八节　直流单极闭锁隐患 6

某±660 kV 直流换流站阀外水冷系统 6 台风机变频器输入模块电源共用同一开关，开关跳开后引起冷却风扇全停，会导致直流单极闭锁。

一、隐患描述

当前 6 个风扇均靠变频器给定输入频率，但是转换模块的供电电源采用同一个 24 V 安全空开，此电源空开跳开后将导致风扇全停。

二、建议整改措施

建议将 M11、M21、M31 和 M12、M22、M32 变频器输入模块电源彻底分开。

第九节 接点松动或回路异常导致主泵不可用隐患

某±660 kV 直流换流站阀内水冷系统主泵安全开关的辅助接点参与主泵切换逻辑控制，接点松动或回路异常时会导致主泵不可用。

一、隐患描述

阀内水冷系统 PLC 实时监视主泵安全开关的辅助接点，从而判断安全开关是否在合闸的状态。当此监视回路中的接线松动或辅助触点本身存在异常时，必然导致主泵切换，若另一主泵也存在故障，则软件会判断 2 台主泵均故障，不会进行回切，导致直流系统停运。

二、建议整改措施

厂家在设计此安全空开监视停泵的功能时，主要考虑此泵是否在检修状态，当在检修状态时，软件会判断此泵不可用。但是实际进行现场检修时，除了断开此安全空开，还会将上级断路器也分开，不存在单独分开安全开关的情况，建议取消安全空开监视用于切泵的逻辑。

第十节 阀内水冷系统电源工作可靠性降低隐患

某±660 kV 直流换流站阀内水冷系统的主泵电源与电源切换装置进线电源相并联，降低了内冷电源工作的可靠性。

一、隐患描述

电源切换装置＃1 进线电源与阀内水冷系统＃1 主循环泵共用同一个 400 V 开关，＃2 进线电源与＃2 主循环泵共用同一个 400 V 开关，当电源切换装置需要检修时，需要将两个主循环泵电源断开，这会导致阀内水冷系统停运，直流系统闭锁。具体情况如图 8-6 所示。

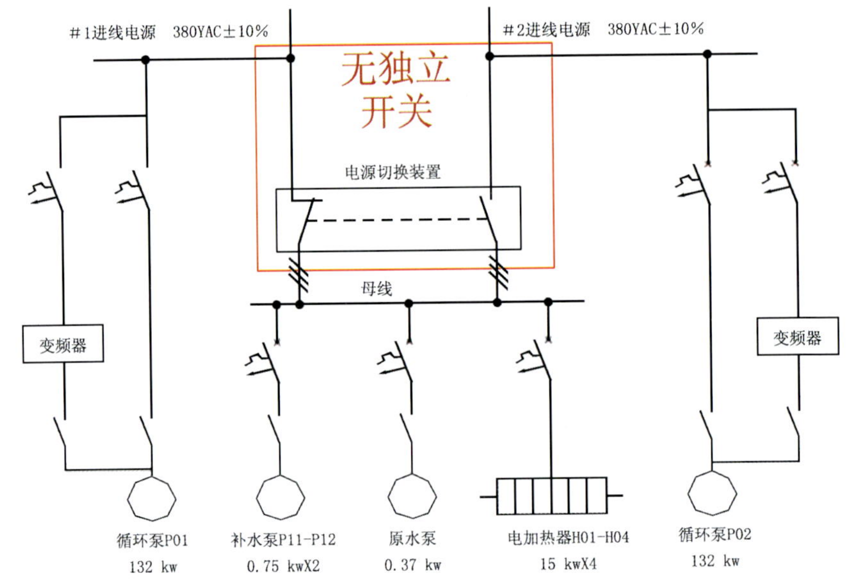

图 8-6　隐患情况

二、建议整改措施

建议对电源切换装置的进线电源增加独立的 400 V 开关，这样当电源切换装置需要检修时，可断开各自的开关。

第十一节　保护误动风险

某±660 kV 直流换流站阀外水冷系统的"任意数量风机启停"信号未能与阀内水冷系统交叉相连，回路异常时无法及时闭锁泄漏保护，存在保护误动风险。

一、隐患描述

阀外水冷系统风机启停时会发"任意数量风机启停"信号给阀内水冷系统，阀内水冷系统接收到此信号后将闭锁泄漏保护 30 min，目前此接线采用一对一方式，即阀外水冷 A 系统输出信号至阀内水冷 A 系统输入模块，阀外水冷 B 系统输出信号至阀内水冷 B 系统输入模块，而阀外水冷系统与直流控制保护系统接线均为交叉相连。"任意数量风机启停"信号对阀内水冷系统而言非常关键，可靠性要求较高。而冬季早晚温差较大，风机启停较为频繁，若该信号丢失，则无法及时闭锁泄漏保护，可能导致保护误动闭锁直流系统。

二、建议整改措施

建议参考阀外水冷系统送阀冷接口屏的方式，将送阀内水冷系统的“任意数量风机启停”信号改为 4 路，实现交叉相连，可在动力电源改造时一并实施。

第十二节　保护拒动风险

某±660 kV 直流换流站阀内水冷系统闭锁直流的信号未交叉上送，单个阀内水冷系统的 I/O 模块故障时，存在保护拒动风险。

一、隐患描述

阀内水冷系统要求直流闭锁仅通过外部停机接口屏实现，现场将跳闸、“阀水冷系统停运”和“双 PLC 故障”这三种跳闸信号并联后经压板出口。实际接线为阀内冷控制柜 1 送外部停机接口屏 A，阀内冷控制柜 2 送外部停机接口屏 B。其中阀内冷控制柜 1 内跳闸信号为 KA2A、KA3A 继电器接点串联，阀内冷控制柜 2 内跳闸信号为 KA2B、KA3B 继电器接点串联。当阀内冷控制柜 1 内 I/O 输出板卡故障时，KA2A、KA3A 继电器将无法正确动作，此时若外部停机接口屏 B 有故障检修，则阀水冷系统将无法出口跳闸，隐患情况如图 8-7 所示。

二、建议整改措施

在实施外部停机接口屏“三取二”改造时一并整改，使外冷闭锁实现“三取二”。

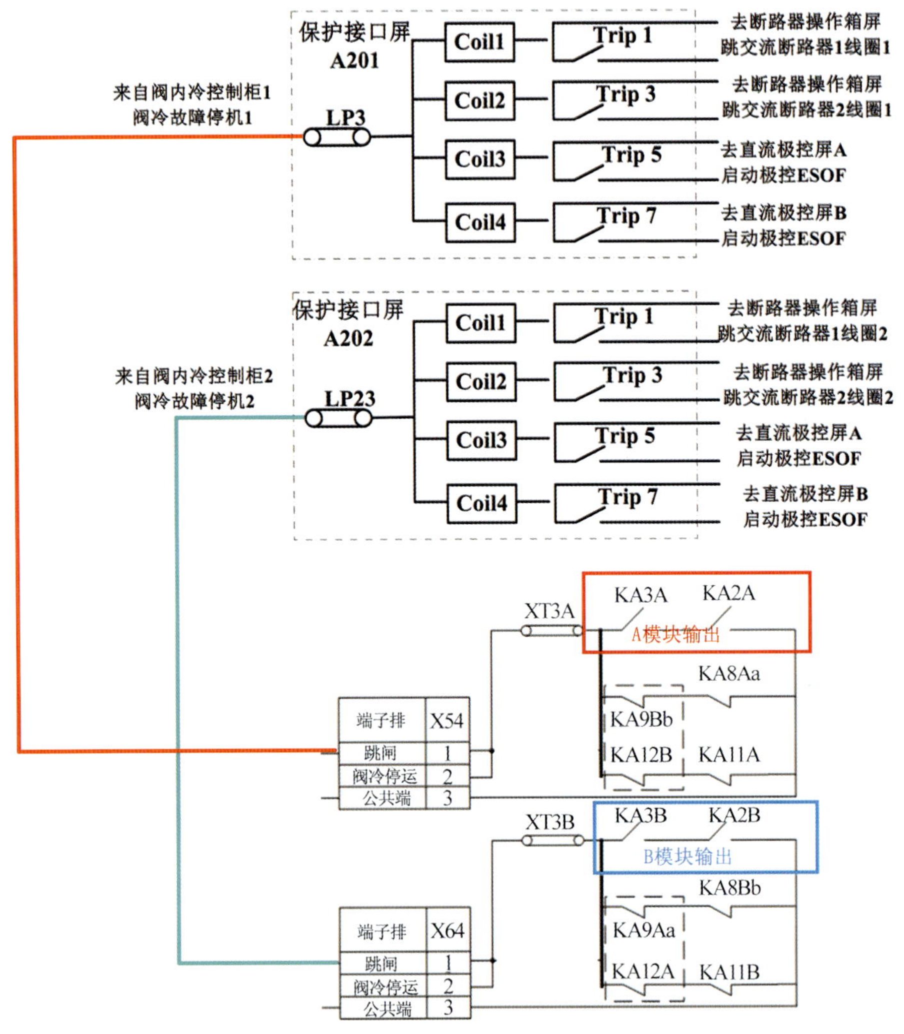

图 8-7　隐患情况

第十三节　单一接点误动引起功率回降的风险

某±660 kV 直流换流站阀内水冷系统引起功率回降接点为单接点设计，存在单一接点误动引起功率回降的风险。

一、隐患描述

阀内水冷系统引起功率回降接点为单一接点，若主用系统的该接点误闭合，将导致直流系统功率回降。隐患情况如图 8-8 所示。

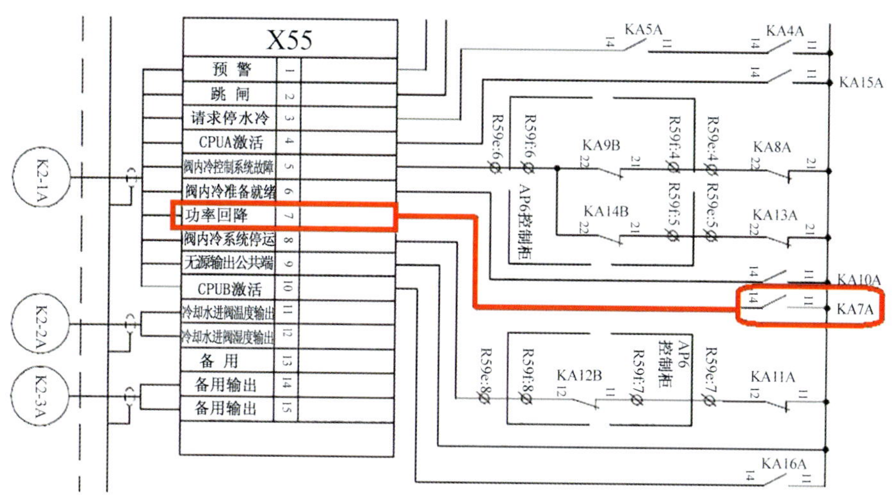

图 8-8　隐患情况

二、建议整改措施

建议将功率回降接点改为双接点串联。

第十四节　两路直流切换回路进线并联隐患

某±660 kV 直流换流站阀外水冷系统双回 110 V 电源切换回路进线相并联，未实现电源回路冗余。

一、隐患描述

阀外水冷系统控制电源为 DC 110 V，分别取自直流屏 LA 段和 LB 段，经过两个切换选择装置形成 A 路直流和 B 路直流，分别供给 PLCA 和 PLCB，同时也分别供给冗余喷淋泵和风扇控制电源。但是，实际上两路直流切换回路进线是并联相接，直流电源屏只提供了两路电源，存在一定隐患。

二、建议整改措施

建议双回 110 V 切换回路分别取不同的 110 V 电源，从直流屏再引两路电源，进行彻底的分离，从而保证阀外水冷系统运行的可靠性。可在阀外水冷系统动力电源改造时一并完成。

第九章　站用电系统深度隐患排查成果报告

第一节　直流闭锁隐患

某±660 kV 直流换流站站用电系统 10 kV 联络开关未设置独立保护，当单台 35 kV 站用变压器带 3 回 10 kV 母线运行时，任一 10 kV 母线故障都将导致 35 kV 变压器跳闸，全站失电，存在直流闭锁隐患。

一、隐患描述

某±660 kV 直流换流站采用配置变压器保护的方式来实现对站用电系统中的变压器及其高、低压侧开关的保护。但由于本站两个 10 kV 联络开关均未配置独立的保护装置，当 10 kV 系统联络运行时，只能通过 35 kV 站用变压器的后备保护跳开其高、低压侧开关来切除联络开关发生的故障。此种设计不仅扩大了故障时的跳闸范围，而且在只有 1 台 35 kV 站用变压器带全站负荷运行的特殊工况下，若联络开关发生故障或任一 10 kV 母线发生故障，高压侧站用变压器保护动作将造成全站失电，导致直流双极闭锁。

二、建议整改措施

建议对某±660 kV 直流换流站的 10 kV 联络开关 141、142 增加独立的过流保护装置，保护时第一时间跳开联络开关，若故障仍未切除，则 35 kV 变压器保护动作跳开高、低压侧开关。在联络开关未增加独立保护时，建议修改变压器保护动作矩阵，使低压侧的后备保护第一时间跳开联络开关。

第二节　备自投误动作隐患

某±660 kV 直流换流站的 10 kV 备自投软件判断站用电源可用的条件不严谨，未判断 10 kV 开关是否在工作位置，当 10 kV 开关在试验位置时，该开关状态的变化将导致备自投误动作。

一、隐患描述

＃1 主用电源可用的判断条件为：①当 101 开关拉开时Ⅰ，301B 站用变高压侧带电，且 S31 开关和 S311 刀闸合上。②当 101 开关合上时，10 kV Ⅰ段母线电压正常或者 301B 站用变高压侧带电，且 S31 开关和 S311 刀闸合上。由于软件中未将相应的 101 开关是否在工作位置的判断加入联锁条件中，若 101 开关不在工作位置但已合闸，软件将误判该回站用电源可用，从而导致备自投误动作。＃2、＃3 站用电源判断软件均存在此问题。图 9-1 是判断＃1 主用电源可用的程序设计。

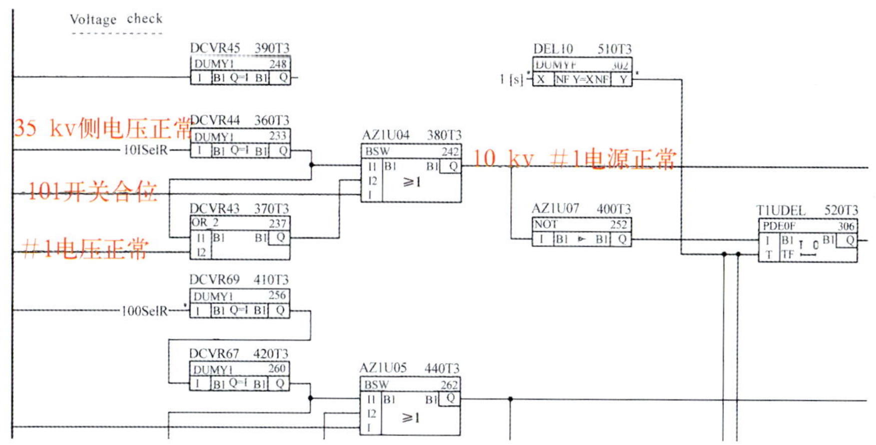

图 9-1　判断＃1 主用电源可用的程序设计

二、建议整改措施

在判断 3 回站用电源可用的条件中，将 3 个 10 kV 进线开关是否在工作位置的判断加入联锁条件，如图 9-2 所示。

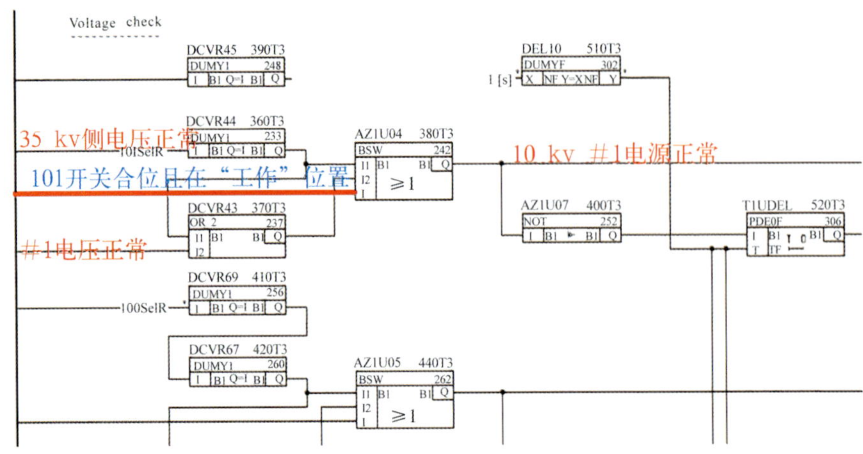

图 9-2 判断程序整改建议

第三节 无法执行操作命令隐患

某±660 kV 直流换流站极Ⅰ 400 V 开关分、合闸命令软件的模块选用不当，命令仅为 1 s 脉冲，控制回路稍有异常，就会出现操作命令无法执行的风险。

一、隐患描述

备自投软件中极Ⅰ 400 V 开关的模块使用错误，极Ⅰ 400 V 开关软件的分、合闸指令只有 1 s 脉冲，而极Ⅱ 400 V 开关软件的分、合闸指令为持续指令，软件对分、合闸的指令有 200 ms 延时。因此，极Ⅰ 400 V 开关分、合闸命令的有效时间仅为 800 ms，若回路或开关本体存在轻微扰动，将导致开关无法动作，且现场运行过程中曾出现过极Ⅰ 400 V 开关未正确动作的情况，而极Ⅱ则每次均能保证可靠动作。

极Ⅰ 400 V 开关分、合闸命令软件的程序设计如图 9-3 所示。

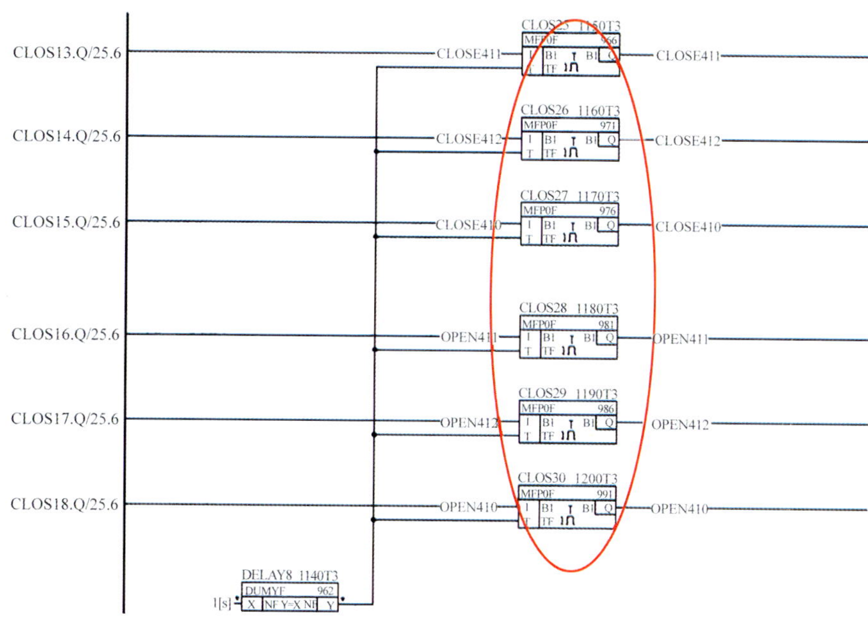

图 9-3　极Ⅰ400 V 开关分、合闸命令软件的程序设计

极Ⅱ及变电站 400 V 开关分、合闸命令软件的程序设计如图 9-4 所示。

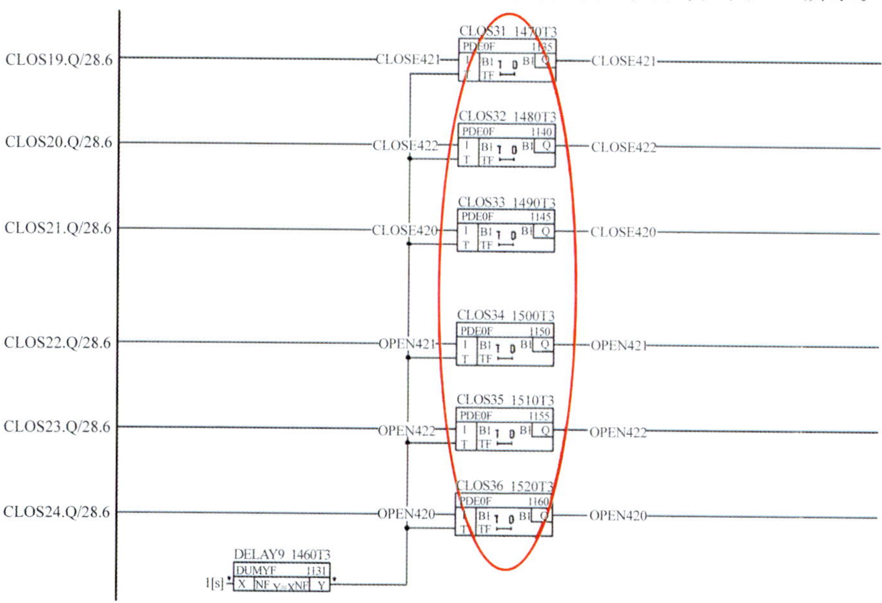

图 9-4　极Ⅱ及变电站 400 V 开关分、合闸命令软件的程序设计

对比图 9-3、图 9-4 可知，极Ⅰ 400 V 开关分、合闸命令软件中的逻辑模块为脉冲产生器 MFP0F，而极Ⅱ 400 V 开关分、合闸命令软件中的逻辑模块为脉冲上升延迟模块 PDE0F。

二、建议整改措施

将极Ⅰ 400 V 开关分、合闸命令软件中涉及的脉冲产生器 MFP0F 改为脉冲上升延迟模块 PDE0F，从而使分、合闸指令能够保证开关可靠分合。

第四节 就地手跳闭锁 400 V 备自投功能降低站用电系统可靠性

某±660 kV 直流换流站 400 V 开关设计有就地手跳闭锁 400 V 备自投的功能，此设计降低了站用电系统的可靠性。

一、隐患描述

某±660 kV 直流换流站极Ⅰ、极Ⅱ 400 V 系统闭锁备自投方式共有 3 种：①站用变低压侧就地手跳闭锁备自投，即当就地操作 11B、12B、21B、22B 站用变低压侧开关(411、412、421、422)分闸时，闭锁 400 V 备自投。②400 V 开关(411、412、410、421、422、420)操作命令错误，即相应的分、合闸命令发出 5 s 后，开关仍未动作，则判定为操作命令错误。③站用变低压侧后备保护动作闭锁 400 V 备自投，如图 9-5 所示。

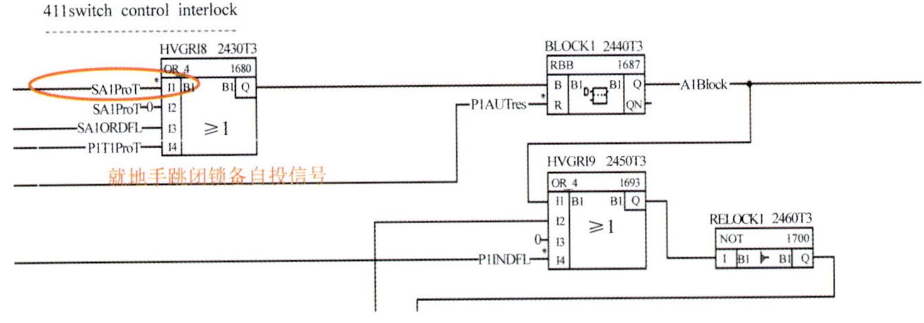

图 9-5 站用变低压侧后备保护动作闭锁 400 V 备自投的软件设计

在正常倒闸过程中，当远方操作 400 V 开关的回路异常时，运行人员必定会进行现场就地操作，此时由于软件中设计有就地手跳闭锁备自投功能，则备自投会闭锁，导致极Ⅰ(极Ⅱ)丢失一半负荷，这大大降低了直流系统运行的安全性和稳定性。

二、建议整改措施

考虑到就地操作对工作人员的人身安全存在一定威胁，建议保留就地手跳闭锁备自投功能，维持现状。

第三篇　重点项目技改方案

第十章　某±660 kV 直流换流站阀厅火灾报警改投跳闸改造方案

第一节　技改背景

一、编制依据

编制依据包括：

(1)《国网运检部关于印发换流站阀厅防火改进措施讨论会纪要的通知》(运检一〔2013〕356 号)。

(2)《直流换流站阀厅防火改跳闸方案讨论及 2013 年重点工作督查会议——换流站阀厅防火改跳闸后续工作要点》。

(3)现行有效的规程、规定及反措。

(4)原工程资料及各厂家的技术改造方案。

二、项目背景

2013 年 5 月 25 日，锦屏换流站极Ⅰ高端 Y/Y B 相换流阀触发板起火后，直流系统没有停运。国家电网有限公司高度重视，分别于 5 月 27 日和 29 日在工程现场和国家电网有限公司总部召开故障分析会议，会议认为换流站阀厅在防火设计、元件选型、烟雾报警、跳闸回路、灭火措施等方面存在安全隐患。为全面提升直流换流站阀厅的防火水平，6 月 20 日，国家电网有限公司组织专家进行多方技术讨论，为确保阀厅出现火情时能够尽快停运直流系统，决定将阀厅火灾报警系统由报警方式改为投跳闸方式。根据上述两次会议通知和纪要的要求，国网山东省电力公司检修公司结合某±660 kV 直流换流站的实际情况，积极协调中南电力设计院、北京英德电子技术有限公司、许继日立电气有限公司编制了阀厅火灾报警系统由报警改投跳闸的改造方案。

第二节　火灾报警配置及改造原则

一、某±660 kV 直流换流站阀厅火灾报警系统配置

某±660 kV 直流换流站单极阀厅的面积为 2125 m^2，高 35 m，消防系统由北京英德电子技术有限公司代理安装，阀厅火灾报警系统由极早期烟雾探测设备(VESDA)和紫外火焰探测器组成。VESDA 采用 Xtralis 公司生产的 VLP-400 型探测器和 VLC-505 型探测器；紫外火焰探测器为通用电气公司(GE)生产，型号为 GS9208/UV。

阀厅设计有一套消防排烟系统。阀厅消防排烟系统在未发生火灾的情况下处于关闭状态，防火阀也处于关闭状态。消防排烟系统在正常情况下处于手动运行状态，运检人员必须经过阀厅现场观察或工业电视观察确认后，才可以给火灾报警主机发出确认信号，进行消防排烟。

VESDA 中包括 Xtralis 公司生产的 4 个 VLP-400 型探测器。极早期吸气式空气采样烟雾探测报警系统通过对阀厅内的空气进行主动吸入式采样监测，以判断阀厅内是否有烟雾产生为判据，实时对阀厅内的空气烟雾浓度进行监测，通过设定各个报警等级，可以输出 4 级报警信号，以确定阀厅内是否有火灾发生。VESDA 适用于高大空间建筑，可以提供高灵敏度的烟雾探测，对于先有烟雾产生再发生明火类型的火灾，此类火灾探测系统的响应时间最短。VESDA 的信号输出为 2 A、30 V 硬接点。

紫外火焰探测器通过对明火或电弧光谱进行分析，判断是否有火焰或者电弧产生，以此判断火灾的发生。VESDA 中使用的紫外火焰探测器对明火及电弧十分敏感，探测视角可以达到 120°。单极阀厅配置 14 只紫外火焰探测器，每只探测器的信号输出均为2 A、30 V 硬接点。

二、VESDA 及紫外火焰探测器布点情况

某±660 kV 直流换流站单极阀厅配置 14 只紫外火焰探测器、4 个 VLP-400 型探测器。其中，14 只紫外火焰探测器沿阀厅巡视走道和墙壁立面安装，4 个 VLP-400 型探测器放置于巡视走廊内，采样管道固定在屋架的钢结构上，一共有 76 个采样孔。

第三节　技改方案

一、改造原则

根据《国网运检部关于印发换流站阀厅防火改进措施讨论会纪要的通知》(运检一〔2013〕356 号)的要求,改造原则可总结为如下几点:

(1)由于 VESDA 对烟雾敏感,紫外(红外)探测系统对明火及电弧敏感,采用极早期烟雾报警信号和紫外(红外)探测信号这两类报警信号同时发生(逻辑与)作为闭锁直流系统的判据,既可以防止误动,也可以防止拒动。

(2)阀厅内 VESDA 的管路布置以探测范围覆盖整个阀厅为原则,至少要有 2 个探测器检测到同一处的烟雾。

(3)在阀厅空调进风口处装设烟雾探测探头,启动周边环境背景烟雾浓度参考值设定功能,防止外部环境中的烧秸秆等活动产生的烟雾引起阀厅 VESDA 误动。

(4)VESDA 一般有 4 级报警信号,分别是"警告""行动""火警 1 "和"火警 2",采用"火警 2"(最高级别报警)作为跳闸判据。

(5)阀厅紫外(红外)探测系统的探头布置完全覆盖阀厅,阀层中有火焰产生时,发出的明火或孤光能够至少被 2 个探测器检测到。

(6)VESDA 和紫外(红外)探测系统发出的跳闸信号直接接到冗余的直流控保系统(不经过火灾中央报警器),由直流控保系统执行闭锁命令。

(7)保留原系统独立的报警功能,任意探头检测到异常时都应能够及时发出报警信息。

本次换流站阀厅火灾报警改造涉及国网已投运的 20 多座换流站工程。2013 年 8 月 9 日,国网运检部再次组织技术讨论会,会议明确了各换流站改造的原则,提出了逻辑跳闸的可行方案,对紫外探头也只要求在原有基础上增加 2～4 个。

二、改造方案

(一)阀厅火灾消防系统

阀厅火灾消防系统的改造委托消防厂家北京英德电子技术有限公司进行。

1. 阀厅极早期吸气式空气采样探测系统

按要求,阀厅的每个区域都应至少能被 2 台极早期空气采样探测器探测到烟雾,而原系统中在每个阀厅设置了 4 台极早期空气采样探测器监视阀厅阀塔。按目前的阀厅配置模式，改造中需将极早期空气采样探测器主机报警接点分别送至新增的火灾报警屏，作为启动跳闸判据。

2.阀厅空调滤网后进风口处的极早期烟雾探测器

原系统中，进风管路没有设置极早期烟雾探测器。为了防止外部环境因素产生的烟雾引起阀厅内的极早期烟雾探测器误动，在阀厅空调滤网后的进风口处需装设极早期烟雾探测器，送至控保系统，用于闭锁阀厅内的火灾报警。因此，需在每个阀厅新增极早期空气采样探测器 1 套，双极共计 2 套，安装位置如图 10-1 所示。

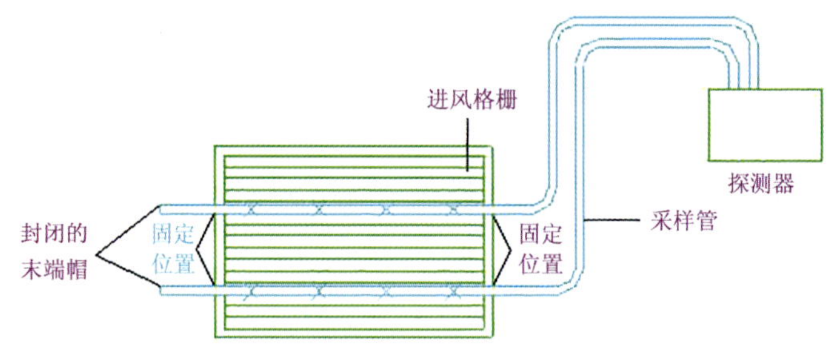

图 10-1　空调进风口处极早期探测器安装位置

3.对原有的极早期探测器进行全面的检修维护

对原有的极早期探测器进行一次全面的检测维修；对于存在小故障但能够继续使用的探测器，要进行维修保养；对于故障严重、影响正常使用、存在安全隐患的极早期探测器，要进行更换。

4.阀厅紫外火焰探测器

按要求，阀厅紫外(红外)探测系统的探头需完全覆盖阀厅，阀层中有火焰产生时，发出的明火或孤光应至少能够被 2 个探测器检测到。本次改造中，每极阀厅增加 4 个紫外探头(双极阀厅总计增加 8 个)。由于某±660 kV 直流换流站阀塔每层都设置有防火隔板，紫外探头全部装设于阀塔顶部四周，受监视角度的影响，发生火灾时，火焰探测器不便于进行阀塔底部的火情监视，建议前期安装的紫外监视探头不变，后续在低位安装 4 台紫外火焰探测器，水平位置和竖直位置分别如图 10-2、图 10-3 所示。

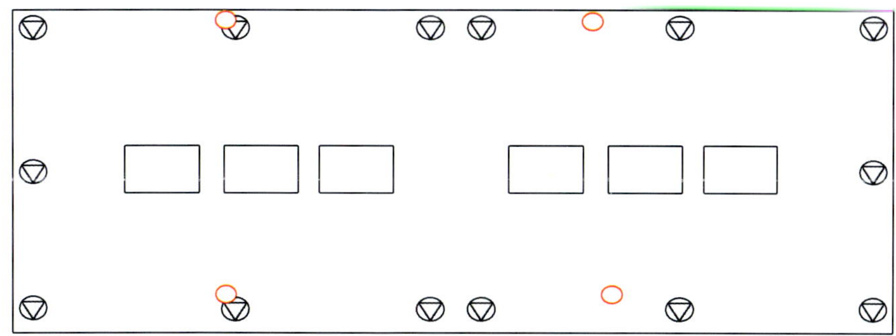

图 10-2　改造后的阀厅紫外火焰探测器的水平位置

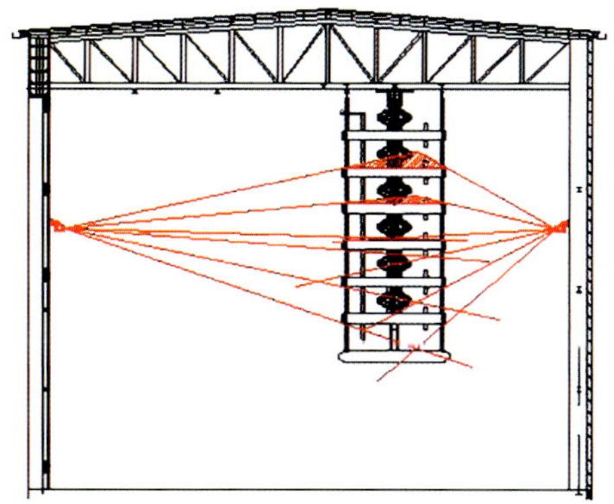

图 10-3　改造后的阀厅紫外火焰探测器的竖直位置

（二）直流控制保护系统

直流控制保护系统的改造委托许继日立电气有限公司进行。

1. 跳闸逻辑回路

阀厅内的极早期传感器中有一个检测到了烟雾，且阀厅内的紫外探头中有一个检测到了弧光，当这两个条件同时满足时，允许跳闸；若阀厅进风口的极早期传感器监测到烟雾，则闭锁极早期系统的跳闸出口回路，若此时有 2 个紫外探头报警，则允许跳闸出口。

VESDA 和紫外传感器的硬接点扩展要求为：VESDA 的每个传感器均输出 3 个 24 V 火警硬接点，其中的 1 个仍用于送入原火灾报警主机，另外 2 个串联后经智能信号扩展盒扩展出 4 个 110 V 接点（2 个常开，2 个常闭），用于接入控制保护 A、B 系统。每个紫外探头的 1 个 24 V 告警硬接点经就地智能信号扩展盒扩展出至少 5 个 110 V 接点，其中 2 个常开、2 个常闭接点用于接入控制保护 A、B 系统，1 个常开（24 V）接点用于接入火灾报警主机。

在火灾报警跳闸屏内在跳闸回路中增加硬压板，以便退出火灾报警跳闸状态。

2.新增智能信号扩展盒

紫外探测器的输出为 24 V 接点信号，因阀厅内面积较大，24 V 信号不利于远距离传输，因此在每个紫外探头下方均安装一个智能信号扩展盒，用于就地将 24 V 信号扩展成 110 V 硬接点信号。

VESDA 在阀厅内的墙壁上汇集，在现有 VESDA 装置下面统一安装智能信号扩展盒，用于将 24 V 信号扩展成 110 V 硬接点信号。

智能信号扩展盒将 VESDA 的 24 V 空接点信号扩展成 4 路 110 V 空接点信号(2 个常开，2 个常闭)。双极总计 10 个极早期装置，需 10 个智能信号扩展盒，扩展出 40 个空接点，送给火灾跳闸接口屏。将紫外探测器输出的 24 V 空接点信号扩展成至少 5 路 110 V 的空接点信号(3 个常开，2 个常闭)，双极总计 36 个紫外探测器，需 36 个智能信号扩展盒，扩展出 180 个空接点。

智能信号扩展盒应能自动反馈故障信号至控保系统，该信号用于判断其工作是否正常。

3.新增火灾报警跳闸接口屏及出口

扩展后的极早期烟雾探测器和紫外探测器均可以上送独立的常开/常闭接点。根据冗余配置的要求，将上述接点接入两套 WPI-801A 装置，用于跳闸逻辑的判别。每路传感器空接点均有常开和常闭 2 个 110 V 的空接点，该接点在接入 WPI-801A 接口装置后，以软件 RS 触发器形式输入，以确保系统的可靠性。满足跳闸逻辑后，信号输出至相应的极外部停机接口屏，用于跳开换流变压器网侧交流断路器，同时输出 ESOF(保护装置)信号至冗余的极控系统，执行闭锁命令，并将事件上送至后台。在跳闸回路增加硬压板，以便退出火灾报警跳闸状态。因极Ⅰ、极Ⅱ控制保护室已无屏柜位置，在站公用控制保护设备室增加极Ⅰ火灾报警跳闸接口屏和极Ⅱ火灾报警跳闸接口屏，屏内的 WPI-801A 装置实现火灾跳闸逻辑的判别，两套 WPI-801A 用于实现冗余化配置。

三、改造设备和材料

改造所需的设备和材料如表 10-1 所示。

表 10-1　　改造所需的设备和材料

序号	设备名称	设备型号	单位	数量	提供厂家
1	极早期探测器		台	2	北京英德电子技术有限公司
2	消防专用电源		台	2	
3	紫外火焰探测器		台	8	
4	监视模块		只	8	
5	双回路卡		只	1	
6	火灾报警系统升级软件（包括极早期、紫外、EST-3）		套	1	
7	极早期探测器检测、维修材料		套	1	
8	消防模块箱		个	2	
9	PVC 管	DN25	米	100	
10	PVC 管安装辅材		批	1	
11	阻燃屏蔽铠装电缆	ZRA-KVVP2-22 2×1.5	米	4000	北京英德电子技术有限公司
12	阻燃屏蔽铠装电缆	ZRA-KVVP2-22 6×1.5	米	100	
13	施工辅材		批	1	
14	施工机械		批	1	
15	火灾报警跳闸接口屏		面	2	许继日立电气有限公司
16	现场实施、调试材料		套	1	
17	智能信号扩展盒		个	46	
18	扩展继电器装置		套	46	
19	阻燃屏蔽铠装电缆		米	5600	国网山东省电力公司检修公司

四、改造时间安排

由于某±660 kV 直流换流站的双极均处于运行状态，经综合考虑，决定在 2014 年某±660 kV 直流换流站检修期间安排 11 天时间安装阀厅火灾报警系统的改造工作，双极阀厅同时施工。国网山东省电力公司制订了详细的改造计划，保证了设备到货情况和施工人员的配置。

五、后续相关工作安排

2013 年 12 月前，组织中南电力设计院、北京英德电子技术有限公司、许继日立电气有限公司进行火灾报警系统改跳闸方案的现场勘查工作（若有停电机会，在停电期间进行；若无停电机会，则在运行期间进行），勘察的重点主要包括新增设备（VESDA 与美国通用电气公司的紫外测试仪、智能信号扩展盒及报警火灾信号接口屏等）的安装位置、电缆走向、槽盒布置，尤其要对关键接口处的实际资源占用情况进行落实。若在相关位置发现与竣工图不一致的情况，须进行记录。

2013 年 12 月，由中南电力设计院结合现场勘查情况编制初设报告、施工图纸及项目概算，提交给国网山东省电力公司进行审核。由火灾报警系统生产厂家对前期模块箱内元件的布置和联线关系进行详细提资，配合中南电力设计院对新增的智能扩展盒进行详细布置和编号标识，以便更好地利用箱内空间。

2013 年 12 月内，组织许继日立电气有限公司与北京英德电子技术有限公司沟通确定相关信号的定义和需要修改的软件逻辑，以及需要上传的事件信号。

2014 年 1 月内，许继日立电气有限公司、北京英德电子技术有限公司根据中南电力设计院出具的施工图纸等资料制定详细的施工方案、“三措”（组织措施、技术措施、安全措施），准备人员、工器具及物资材料。

2014 年 2 月，由国网山东省电力公司组织许继日立电气有限公司、北京英德电子技术有限公司对施工方案进行审核。

2014 年 4 月，改造涉及的所有物资到场，所有软件修改单完成审批流程。

改造工作计划于某±660 kV 直流换流站 2014 年年度检修时实施，计划工期为 11 天。

在现场实施过程中，北京英德电子技术有限公司完成了相关设备的更换、安装、配线、配合调试工作。许继日立电气有限公司进行了跳闸逻辑软件的升级。各方共同对阀厅火灾报警信号回路以及相关程序进行了逻辑测试。

六、相关建议

阀厅火灾报警系统改投跳闸后：第一，建议对 VESDA 告警定值统一进行整定；第二，建议对跳闸压板的投退制定统一的标准。

第十一章　某±660 kV 直流换流站 500 kV 交流场中开关跳闸逻辑改造技术方案

第一节　某±660 kV 直流换流站 500 kV 交流场中开关联锁改造背景

根据《国调中心关于印发换流站交流场中开关跳闸逻辑研讨会会议纪要的通知》(调运〔2013〕202 号),为保证设备和系统安全,对交流场采用 3/2 接线的直流换流站各种配串方式的中开关联锁提出了明确要求。

经过排查,某±660 kV 直流换流站存在以下两点问题:

一、功能 6 逻辑功能满足,但未经过现场试验验证

功能 6:换流变压器与交流线路配串,换流变压器与母线间的边开关检修或停运中,该串的交流线路发生单相故障时,如果该线路投入了单相重合闸,为避免非全相运行,在该线路单相故障跳开单相的同时,应该三相连跳中开关,与线路相连的边开关应按设定进行跳闸逻辑动作,不应三相连跳。

二、功能 7 逻辑功能不完善,不满足要求

功能 7:大组交流滤波器与交流线路配串,大组交流滤波器与母线间的边开关检修或停运中,该串的交流线路发生单相故障时,如果该线路投入了单相重合闸,则在该线路单相故障跳开单相的同时,应三相连跳中开关,与线路相连的边开关应按设定跳闸逻辑动作,不应三相连跳。

根据《通知》要求,国网山东省电力公司负责研究制定整改方案,中国电力科学研究院负责技术支撑工作。

第二节　某±660 kV 直流换流站交流线路与大组滤波器配串改造方案

某±660 kV 直流换流站交流场接线如图 11-1 所示。

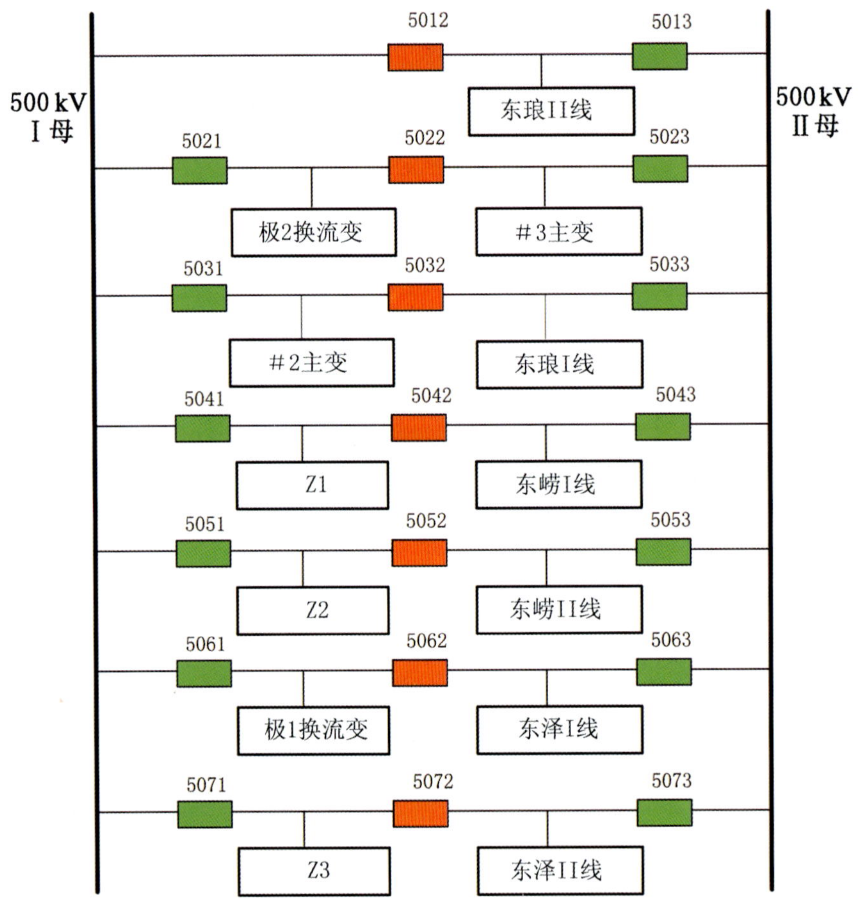

图 11-1　某±660 kV 直流换流站交流场接线示意图

一、硬件、二次回路改造

目前，5042、5052、5072 开关的分位信号是 A、B、C 三相并联上送，即任意一相开关分位，交流站控系统均认为该开关三相已分开，这导致交流站控系统无法继续下发分闸命令。

通过与许继集团有限公司进行讨论，确定将5042、5052、5072三台开关的分位、合位信号A、B、C三相分别上送至测控装置(DFU410)。由此，交流站控系统将能够识别单相开关分闸，并且在中开关单跳未重合闸之前，下发三相分闸命令。

经过与国核电力规划设计院联系，并且进行现场核实后确认，交流场第4、5、7串测控屏A(B)中的第4套A204测控装置有大量备用接点。经过协商，本次改造使用一A204装置的21～26备用开入接点。

二次回路改造如图11-2所示：

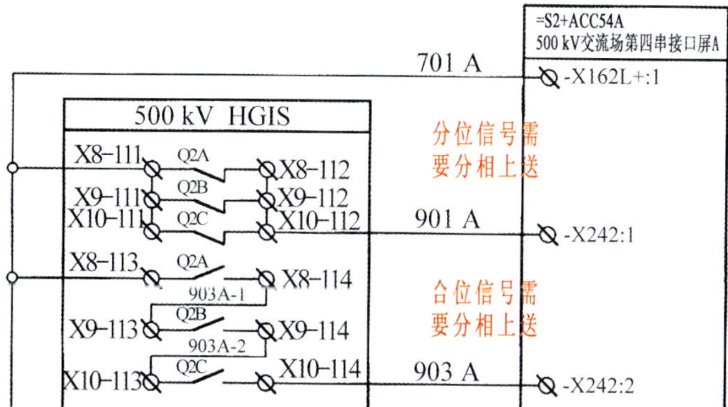

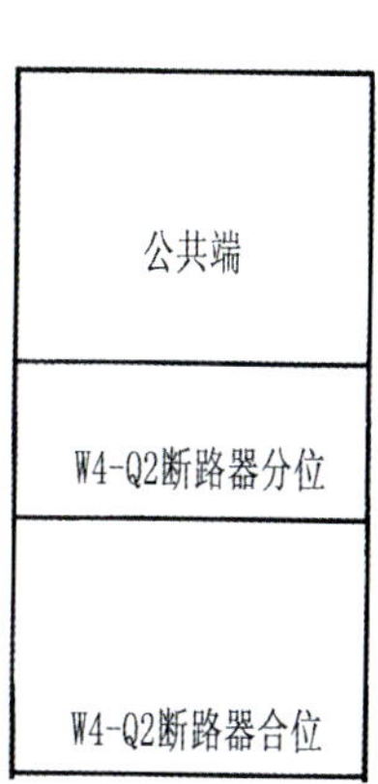

(a)改造前，中开关分位并联，合位串联上送

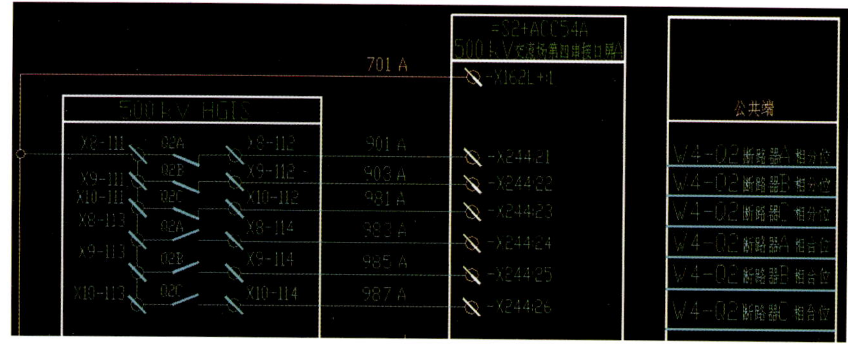

(b)改造后，将中开关分、合位信号分别上送

图11-2　二次回路改造

以某±660 kV直流换流站交流场第4串中开关信号回路为例，二次回路修改以后，5042开关分、合位信号在汇控柜、测量屏中的端子排位置如表11-1所示(对应测控A系统)。

表 11-1　测控屏 A 端子位置对应信号

序号	汇控柜中端子排位置	测控屏 A 端子排位置	信号说明
1	－X8:111～－X8:112	－X244:21	5042 开关 A 相分位
2	－X8:113～－X8:114	－X244:24	5042 开关 A 相合位
3	－X9:111～－X9:112	－X244:22	5042 开关 B 相分位
4	－X9:113～－X9:114	－X244:25	5042 开关 B 相合位
5	－X10:111～－X10:112	－X244:23	5042 开关 C 相分位
6	－X10:113～－X10:114	－X244:26	5042 开关 C 相合位
公共端－X162L:＋1			

表 11-2 显示了测控屏 B 端子位置对应信号，对应测控 B 系统。

表 11-2　测控屏 B 端子位置对应信号

序号	汇控柜中端子排位置	测控屏 B 端子排位置	信号说明
1	－X8:119～－X8:120	－X244:21	5042 开关 A 相分位
2	－X8:117～－X8:118	－X244:24	5042 开关 A 相合位
3	－X9:119～－X9:120	－X244:22	5042 开关 B 相分位
4	－X9:117～－X9:118	－X244:25	5042 开关 B 相合位
5	－X10:119～－X10:120	－X244:23	5042 开关 C 相分位
6	－X10:117～－X10:118	－X244:26	5042 开关 C 相合位
公共端－X162L:＋1			

二、500 kV 交流站控软件逻辑修改

根据功能 7 的要求，以某±660 kV 直流换流站 500 kV 交流场第 4 串为例。当 5041 开关检修或停运，期间东崂Ⅰ线又发生单相故障时，5042、5043 开关单相跳闸，此时 5042 开关应三跳，不应重合闸，而 5043 开关应单相重合闸。

由此修改某±660 kV 直流换流站 500 kV 交流站控系统软件，以第 4 串为例。

1. 2FP-waw4 软件包中的第 9 页

软件中增加接口模块，从 A204 测控装置解析修改后的 5042 开关分、合位信号，并且解析原有的“第一套线路保护跳闸”“第二套线路保护跳闸”

信号。

2. 2FP-waw4 软件包中的第 37 页

软件中增加逻辑模块，实现功能 7。判断 5042 开关出现单相分位另外两相合位，同时收到任一套线路保护装置的跳闸动作信号时，则出口跳开 5042 开关三相。若中开关转检修，该逻辑不起作用。

3. 2FP-waw4 软件包中的第 44 页

出口页面，中开关跳闸逻辑出口与正常分闸命令用同一通道出口。

第三节　技改的实施

一、信号核对

（一）第 4 串 5042 开关

合上 5042 开关，检查表 11-3 所示的项目。

表 11-3　　合上 5042 开关操作的检查项目

序号	信号名称	检查测控屏 A-A204 装置指示灯	检查测控屏 B-A204 装置指示灯	检查 OWS 后台
1	5042 开关 A 相分位	21 灭	21 灭	—
2	5042 开关 B 相分位	22 灭	22 灭	
3	5042 开关 C 相分位	23 灭	23 灭	
4	5042 开关 A 相合位	24 亮	24 亮	5042 开关为红色
5	5042 开关 B 相合位	25 亮	25 亮	
6	5042 开关 C 相合位	26 亮	26 亮	

分开 5042 开关，检查表 11-4 所示的项目。

表 11-4　　分开 5042 开关操作的检查项目

序号	信号名称	检查测控屏 A-A204 装置指示灯	检查测控屏 B-A204 装置指示灯	检查 OWS 后台
1	5042 开关 A 相分位	21 亮	21 亮	5042 开关为绿色
2	5042 开关 B 相分位	22 亮	22 亮	
3	5042 开关 C 相分位	23 亮	23 亮	

续表

<table>
<tr><th>序号</th><th>信号名称</th><th>检查测控屏 A-A204 装置指示灯</th><th>检查测控屏 B-A204 装置指示灯</th><th>检查 OWS 后台</th></tr>
<tr><td>4</td><td>5042 开关 A 相合位</td><td>24 灭</td><td>24 灭</td><td rowspan="3">—</td></tr>
<tr><td>5</td><td>5042 开关 B 相合位</td><td>25 灭</td><td>25 灭</td></tr>
<tr><td>6</td><td>5042 开关 C 相合位</td><td>26 灭</td><td>26 灭</td></tr>
</table>

(二)第 5 串 5052 开关

合上 5052 开关，检查表 11-5 所示的项目。

表 11-5 合上 5052 开关操作的检查项目

<table>
<tr><th>序号</th><th>信号名称</th><th>检查测控屏 A-A204 装置指示灯</th><th>检查测控屏 B-A204 装置指示灯</th><th>检查 OWS 后台</th></tr>
<tr><td>1</td><td>5052 开关 A 相分位</td><td>21 灭</td><td>21 灭</td><td rowspan="3">—</td></tr>
<tr><td>2</td><td>5052 开关 B 相分位</td><td>22 灭</td><td>22 灭</td></tr>
<tr><td>3</td><td>5052 开关 C 相分位</td><td>23 灭</td><td>23 灭</td></tr>
<tr><td>4</td><td>5052 开关 A 相合位</td><td>24 亮</td><td>24 亮</td><td rowspan="3">5052 开关为红色</td></tr>
<tr><td>5</td><td>5052 开关 B 相合位</td><td>25 亮</td><td>25 亮</td></tr>
<tr><td>6</td><td>5052 开关 C 相合位</td><td>26 亮</td><td>26 亮</td></tr>
</table>

分开 5052 开关，检查表 11-6 所示的项目。

表 11-6 分开 5052 开关操作的检查项目

<table>
<tr><th>序号</th><th>信号名称</th><th>检查测控屏 A-A204 装置指示灯</th><th>检查测控屏 B-A204 装置指示灯</th><th>检查 OWS 后台</th></tr>
<tr><td>1</td><td>5052 开关 A 相分位</td><td>21 亮</td><td>21 亮</td><td rowspan="3">5052 开关为绿色</td></tr>
<tr><td>2</td><td>5052 开关 B 相分位</td><td>22 亮</td><td>22 亮</td></tr>
<tr><td>3</td><td>5052 开关 C 相分位</td><td>23 亮</td><td>23 亮</td></tr>
<tr><td>4</td><td>5052 开关 A 相合位</td><td>24 灭</td><td>24 灭</td><td rowspan="3">—</td></tr>
<tr><td>5</td><td>5052 开关 B 相合位</td><td>25 灭</td><td>25 灭</td></tr>
<tr><td>6</td><td>5052 开关 C 相合位</td><td>26 灭</td><td>26 灭</td></tr>
</table>

(三)第七串 5072 开关

合上 5072 开关,检查表 11-7 所示的项目。

表 11-7　　合上 5072 开关操作的检查项目

序号	信号名称	检查测控屏 A-A204 装置指示灯	检查测控屏 B-A204 装置指示灯	检查 OWS 后台
1	5072 开关 A 相分位	21 灭	21 灭	—
2	5072 开关 B 相分位	22 灭	22 灭	
3	5072 开关 C 相分位	23 灭	23 灭	
4	5072 开关 A 相合位	24 亮	24 亮	5072 开关为红色
5	5072 开关 B 相合位	25 亮	25 亮	
6	5072 开关 C 相合位	26 亮	26 亮	

分开 5072 开关,检查表 11-8 所示的项目。

表 11-8　　分开 5072 开关操作的检查项目

序号	信号名称	检查测控屏 A-A204 装置指示灯	检查测控屏 B-A204 装置指示灯	检查 OWS 后台
1	5072 开关 A 相分位	21 亮	21 亮	5072 开关为绿色
2	5072 开关 B 相分位	22 亮	22 亮	
3	5072 开关 C 相分位	23 亮	23 亮	
4	5072 开关 A 相合位	24 灭	24 灭	—
5	5072 开关 B 相合位	25 灭	25 灭	
6	5072 开关 C 相合位	26 灭	26 灭	

二、大组滤波器、线路同停,验证中开关跳闸逻辑

2014 年 4 月 12～22 日,某±660 kV 直流换流站三大组滤波器停电检修期间,分别申请相应的线路配合停电 1 天,使用继电保护测试仪在东崂Ⅰ线、东崂Ⅱ线、东泽Ⅱ线线路保护装置屏模拟交流线路单相故障,验证中开关跳闸逻辑。

(一)第 4 串 5042 开关

东崂Ⅰ线线路单相故障模拟检查试验结果如表 11-9 所示。

表 11-9 东崂Ⅰ线线路单相故障模拟检查试验结果

序号	线路保护装置	模拟故障	检查试验结果	
1	东崂Ⅰ线第一套线路保护	A 相瞬时故障	5042 开关三跳	5043 开关 A 相重合
2	东崂Ⅰ线第一套线路保护	B 相瞬时故障	5042 开关三跳	5043 开关 B 相重合
3	东崂Ⅰ线第一套线路保护	C 相瞬时故障	5042 开关三跳	5043 开关 C 相重合
4	东崂Ⅰ线第二套线路保护	A 相瞬时故障	5042 开关三跳	5043 开关 A 相重合
5	东崂Ⅰ线第二套线路保护	B 相瞬时故障	5042 开关三跳	5043 开关 B 相重合
6	东崂Ⅰ线第二套线路保护	C 相瞬时故障	5042 开关三跳	5043 开关 C 相重合

(二)第 5 串 5052 开关

东崂Ⅱ线线路单相故障模拟检查试验结果如表 11-10 所示。

表 11-10 东崂Ⅱ线线路单相故障模拟检查试验结果

序号	线路保护装置	模拟故障	检查试验结果	
1	东崂Ⅱ线第一套线路保护	A 相瞬时故障	5052 开关三跳	5053 开关 A 相重合
2	东崂Ⅱ线第一套线路保护	B 相瞬时故障	5052 开关三跳	5053 开关 B 相重合
3	东崂Ⅱ线第一套线路保护	C 相瞬时故障	5052 开关三跳	5053 开关 C 相重合
4	东崂Ⅱ线第二套线路保护	A 相瞬时故障	5052 开关三跳	5053 开关 A 相重合
5	东崂Ⅱ线第二套线路保护	B 相瞬时故障	5052 开关三跳	5053 开关 B 相重合
6	东崂Ⅱ线第二套线路保护	C 相瞬时故障	5052 开关三跳	5053 开关 C 相重合

(三)第 7 串 5072 开关

东泽Ⅱ线线路单相故障模拟检查试验结果如表 11-11 所示。

表 11-11 东泽Ⅱ线线路单相故障模拟检查试验结果

序号	线路保护装置	模拟故障	检查试验结果	
1	东泽Ⅱ线第一套线路保护	A 相瞬时故障	5072 开关三跳	5073 开关 A 相重合
2	东泽Ⅱ线第一套线路保护	B 相瞬时故障	5072 开关三跳	5073 开关 B 相重合
3	东泽Ⅱ线第一套线路保护	C 相瞬时故障	5072 开关三跳	5073 开关 C 相重合
4	东泽Ⅱ线第二套线路保护	A 相瞬时故障	5072 开关三跳	5073 开关 A 相重合
5	东泽Ⅱ线第二套线路保护	B 相瞬时故障	5072 开关三跳	5073 开关 B 相重合
6	东泽Ⅱ线第二套线路保护	C 相瞬时故障	5072 开关三跳	5073 开关 C 相重合

三、极Ⅰ与交流线路配串，试验验证中开关跳闸逻辑功能 6

2014 年 4 月 12～22 日，某±660 kV 直流换流站极Ⅰ直流系统停电检修期间，申请东泽Ⅰ线线路配合停电 1 天，使用继电保护测试仪在东泽Ⅰ线线路保护装置屏模拟交流线路单相故障，验证中开关跳闸逻辑，检查试验结果如表 11-12 所示。

表 11-12　开关跳闸逻辑检查试验结果

序号	线路保护装置	模拟故障	检查试验结果		
1	东泽I线第一套线路保护	A 相瞬时故障	极控系统 ESOF	5062 开关三跳	5063 开关 A 相重合
2	东泽I线第一套线路保护	B 相瞬时故障	极控系统 ESOF	5062 开关三跳	5063 开关 B 相重合
3	东泽I线第一套线路保护	C 相瞬时故障	极控系统 ESOF	5062 开关三跳	5063 开关 C 相重合
4	东泽I线第二套线路保护	A 相瞬时故障	极控系统 ESOF	5062 开关三跳	5063 开关 A 相重合
5	东泽I线第二套线路保护	B 相瞬时故障	极控系统 ESOF	5062 开关三跳	5063 开关 B 相重合
6	东泽I线第二套线路保护	C 相瞬时故障	极控系统 ESOF	5062 开关三跳	5063 开关 C 相重合

图书在版编目(CIP)数据

±660 kV 直流换流站技术报告汇编/孙洗凡，马龙，刘冬主编. —济南：山东大学出版社，2018.12
ISBN 978-7-5607-5999-9

Ⅰ.①6… Ⅱ.①孙… ②马… ③刘… Ⅲ.①直流换流站—技术报告—汇编 Ⅳ.①TM63

中国版本图书馆 CIP 数据核字(2019)第 017454 号

责任策划：王文珺
责任编辑：王文珺
封面设计：张 荔

出版发行：山东大学出版社
社 址 山东省济南市山大南路 20 号
邮 编 250100
电 话 市场部(0531)88363008
经 销：新华书店
印 刷：山东和平商务有限公司
规 格：720 毫米×1000 毫米 1/16
11 印张 198 千字
版 次：2018 年 12 月第 1 版
印 次：2018 年 12 月第 1 次印刷
定 价：50.00 元